DEUTSCHE AKADEMIE DER WISSENSCHAFTEN ZU BERLIN

Veröffentlichungen des Geodätischen Instituts in Potsdam

Nr. 22

DIE BESTIMMUNG DER LOTKRÜMMUNG

Von

DIETRICH SCHOEPS

Mit 15 Abbildungen und 10 Tabellen

AKADEMIE-VERLAG · BERLIN

1963

Von der Fakultät für Bauwesen
der Technischen Universität Dresden
zur Erlangung des Grades eines Doktor-Ingenieurs
genehmigte Dissertation

Vorgelegt von
Dipl.-Ing. Dietrich Schoeps
aus Sagan

Dekan: Prof. Dr.-Ing. habil. Bürgermeister
Referent: Prof. Dr.-Ing. Peschel
Korreferent: Prof. Dr.-Ing. habil. Jochmann

Eingereicht am 21. April 1961
Tag der mündlichen Prüfung 2. März 1962

Erschienen im Akademie-Verlag GmbH, Berlin W 8, Leipziger Straße 3—4

Lizenznummer: 202 · 100/508/63
Kartengenehmigung: MdI der DDR Nr. 7569/62
Gesamtherstellung: VEB Druckerei „Thomas Müntzer“ Bad Langensalza
Bestellnummer: 2016/22 · ES 19 C · Preis: DM 31,50

Vorwort

Die Anregung zu der vorliegenden Arbeit bekam ich von meinem Abteilungsleiter, Herrn Dr.-Ing. K. Arnold, dem ich auch für manchen Hinweis und für seine Unterstützung bei ihrer Durchführung zu danken habe.

Die gravimetrische Vermessung des Brockengipfels wurde im Mai 1958 unter Leitung von Herrn Dipl.-Ing. G. Vogel, Geodätischer Dienst Leipzig, durchgeführt. Herr Dipl.-Geophys. J. Byl, Geodätisches Institut Potsdam, hat auf den Meßpunkten mit einem Askania-Gravimeter GS 12 die Schwerewerte bestimmt.

Nicht zuletzt habe ich meinen Referenten an der Technischen Universität Dresden, insbesondere Herrn Prof. Dr.-Ing. H. Peschel, für manchen kritischen Hinweis, der zur Verbesserung der Arbeit führte, zu danken.

Bei Rechnungen und Zeichnungen unterstützten mich Herr W. Scheil, Herr S. Herrmann und Frl. B. Herrmann. Frau Kramp und Herr Scheil fertigten das Manuskript an.

Der Akademie-Verlag Berlin stellte auch hier den Druck des stellenweise satztechnisch recht schwierigen Manuskriptes in der bekannten Güte her.

Dietrich Schoeps

Inhaltsverzeichnis

1 Einleitung

Sollen Landestriangulationsnetze und kontinentale Netze nicht nur für praktische Zwecke benutzt werden, als Grundlagen für die Darstellung der Erdoberfläche auf Karten, sondern auch für wissenschaftliche Zwecke, bekommt das Problem der Übertragung der geodätischen Netze auf das eindeutig gelagerte mittlere Erdellipsoid Bedeutung. Gibt man, wie man heute mehr und mehr geneigt ist, der PIZZETTI-Projektion den Vorzug vor der HELMERT-Projektion oder gar vor der sogenannten „Netzausbreitungsmethode“, so erfordert diese Art der Projektion Angaben über den Verlauf der Lotlinie.

Bekanntlich verläuft die PIZZETTI-Projektion in zwei Stufen. Zunächst werden die Punkte des Triangulationsnetzes mit Hilfe der gekrümmten Lotlinie auf das Geoid projiziert und von dort mittels der Ellipsoidnormalen auf das Ellipsoid. Der erste Teil dieser Projektion nach PIZZETTI erfordert also die Kenntnis von Größe und Richtung der Lotkrümmung, und insofern ist das in der vorliegenden Arbeit untersuchte Problem von aktueller Bedeutung.

Die Lotlinie steht zunächst senkrecht auf dem Geoid, das als eine Fläche gleichen Schwerepotentials eine Niveaufläche darstellt. Sie schneidet ferner in ihrem Verlauf auch alle anderen Niveauflächen senkrecht. Geodätische Meßinstrumente werden im allgemeinen stets mit Hilfe der Lotrichtung im Beobachtungsstandpunkt orientiert. Die aus geodätisch-astronomischen Messungen ermittelten Breiten und Längen, die stets nur für die Niveaufläche im Beobachtungspunkt gelten, müssen auf das Geoid reduziert werden und ergeben erst dort vergleichbare Werte für die weitere Verwendung in der Bestimmung des „naturtreuen Netzes“.

Es läßt sich auf einfache Art beweisen, daß die Lotlinien gekrümmte Raumkurven sind. Bezeichnen wir mit W das Potential der Schwerkraft, so lautet die Gleichung der Niveaufläche ganz allgemein

$$W = \text{const} . \tag{1.1}$$

Der Differentialquotient von W nach irgendeiner Richtung gibt die Komponente der Schwerkraft g in dieser Richtung an. Differenzieren wir W in Richtung der Lotlinie, d. h. senkrecht zur Niveaufläche in Richtung zum Erdmittelpunkt hin, so erhalten wir die Schwerkraft selbst:

$$\frac{dW}{dh} = -g . \tag{1.2}$$

h bezeichnet man als „Höhe“. Es konnte nachgewiesen werden, daß die Schwerkraft g auf einer Niveaufläche nicht konstant ist. Andererseits ist aber die Potentialdifferenz zweier Niveauflächen eine Konstante. Infolgedessen muß, damit Gleichung (1.2) stets erfüllt wird, bei veränderlichem g auch dh veränderlich sein. Wir können also für den Unterschied der Potentiale zweier unendlich benachbarter Niveauflächen folgende Gleichung schreiben:

$$dW = -g\, dh . \tag{1.3}$$

Daraus erkennen wir, daß Niveauflächen keine Parallelflächen sind. Bezeichnen wir das Potential am Geoid mit W_0, so erhalten wir für die Potentialdifferenz zwischen einer Niveaufläche W und dem Geoid

$$W - W_0 = \int_{h=0}^{H} g\, dh \,. \tag{1.4}$$

Laut Definition ist die Lotlinie stets Normale zur Niveaufläche. Da die Niveauflächen einander nicht parallel sind, ist auch die Lotlinie eine gekrümmte Raumkurve (Abb. 1).

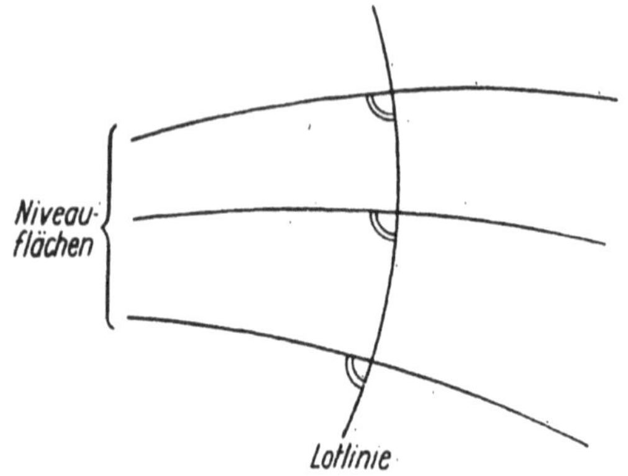

Abb. 1

Unsere Aufgabe besteht nun in der Ermittlung von Größe und Richtung der Lotkrümmung. Die Unkenntnis der genauen Massenverteilung in der Erde bringt es mit sich, daß diese Aufgabe nicht völlig hypothesenfrei zu lösen ist. Sind dann die Formeln gefunden, heißt es, sie für die Belange der Praxis zu entwickeln.

In dieser Arbeit werden zwei verschiedene Verfahren für die Ermittlung der Lotkrümmung betrachtet. Beide Verfahren werden für die Anwendung in der Praxis bearbeitet. Anschließend werden Beispiele zur Erläuterung gebracht. Zum Schluß werden Verfahren und Ergebnisse ausgewertet.

1.1 Bezeichnungen

In dieser Arbeit kommen einheitliche Bezeichnungen in folgender Bedeutung vor:

Höhe allgemein . . . . H;
Höhe des laufenden Punktes . . . . h;
Höhe des Aufpunktes . . . . H_P;
durchschnittl. Höhe des Kompartiments C_{ik} . . . . H_{ik};
das Kompartiment C_{ik} wird begrenzt durch die Radien ϱ_i und ϱ_{i+1} und die Normalschnitte in den Richtungen ϑ_k und ϑ_{k+1};
Lotkrümmung . . . . τ;
nördliche Komponente der Lotkrümmung . . . . τ_x;
östliche Komponente der Lotkrümmung . . . . τ_y;
Gravitationskonstante $f = 6.685 \cdot 10^{-8}\, \mathrm{cm^3\, g^{-1}\, sec^{-2}}$;
Dichte . . . . Θ.

2 Die Ermittlung der Lotkrümmung nach ARNOLD

Im Jahre 1956 erschien eine Arbeit von ARNOLD zu diesem Thema [1], deren Grundgedanken hier noch einmal wiedergegeben sein sollen.

ARNOLD geht in seiner Entwicklung aus von unserer Formel (1.4):

$$W - W_0 = \int_{h=0}^{H} g_Q\, dh \,. \tag{2.1}$$

g_Q ist die Schwere im Punkte Q, der auf der Lotlinie liegt (Abb. 2).

Die Richtung des Lotes im Punkt P, die Tangente an die gekrümmte Lotlinie im Punkte P, wird mit $\mathfrak{t}$ bezeichnet, die Richtung des Lotes am Geoid mit $\mathfrak{t}_0$ (Abb. 3). Der Unterschied zwischen den beiden Vektoren, eben die Lotkrümmung, wird mit τ bezeichnet. Nimmt man an, daß das Dreieck $P\,P'\,P''$ in Abb. 3 genügend klein ist, so erhält man

$$\operatorname{tg}\tau = \frac{P''\,P'}{P'\,P}\,. \tag{2.2}$$

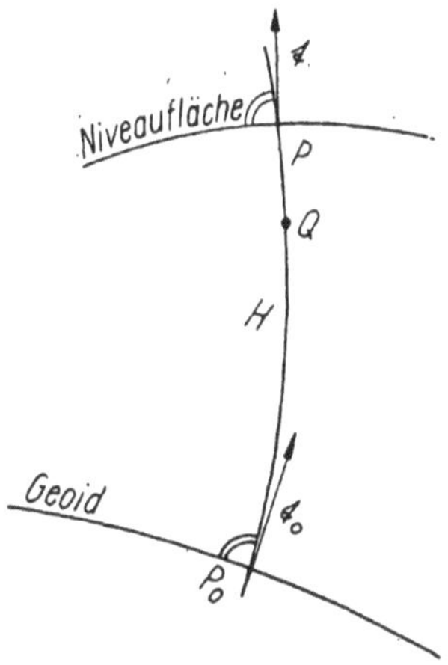

Abb. 2

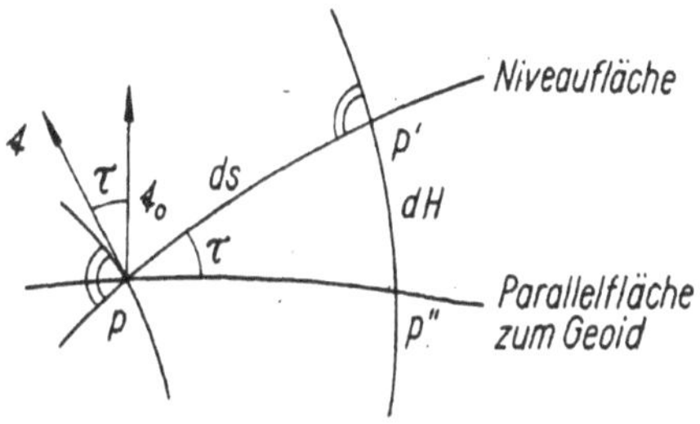

Abb. 3

Im folgenden sollen $P''\,P'$ und $P'\,P$ als in der Richtung einer Strecke s genommen zu verstehen sein, woraus sich dann auch die Komponente der Lotkrümmung in dieser Richtung ergibt. Wegen der Kleinheit des Winkels τ können wir den Tangens gleich dem Winkel selbst setzen:

$$\tau_s = \frac{P''\,P'}{P'\,P}\,. \tag{2.3}$$

Bei der geforderten Kleinheit läßt sich in genügender Annäherung auch setzen

$$\frac{dH}{ds} = \frac{P''\,P'}{P'\,P}\,, \tag{2.4}$$

und damit erhalten wir

$$\tau_s = \frac{dH}{ds}\,. \tag{2.5}$$

Unter H haben wir den Abstand der Niveaufläche im Aufpunkt vom Geoid zu verstehen. Unter Verwendung von Formel (2.1) erhalten wir

$$\frac{d}{ds}(W - W_0) = \frac{d}{ds}\int\limits_{h=0}^{H} g_Q\,dh = 0\,. \tag{2.6}$$

Vernachlässigen wir die Abhängigkeit des Linienelements ds von H, so bekommen wir:

$$\frac{d}{ds}\int\limits_{h=0}^{H} g_Q\,dh = g\,\frac{dH}{ds} + \int\limits_{h=0}^{H}\frac{dg_Q}{ds}\,dh = 0\,. \tag{2.7}$$

Aus (2.5) und (2.7) erhalten wir schließlich

$$\tau_s = -\frac{1}{g}\int\limits_{h=0}^{H}\frac{dg_Q}{ds}\,dh\,. \tag{2.8}$$

Es errechnet sich g_Q, die Schwere in einem Punkte Q auf der Lotlinie nach folgendem Ansatz ([1], S. 24):

$$g_Q = g - I_P + \Delta g_Q + I_Q(H_Q)\,. \tag{2.9}$$

Hierin bedeuten:

g — Oberflächenschwere im Punkte P.

I_P — Die Komponente, die dadurch für die Vertikalintensität der Schwere im Punkte P entsteht, daß man die über dem Geoid liegenden Erdmassen beseitigt.

Δg_Q — Die strenge Freiluftreduktion für den Übergang vom Punkte P zum Punkte Q.

I_Q — Die Komponente, die dadurch für die Vertikalintensität der Schwere im Punkte Q entsteht, daß die Erdmassen wieder über dem Geoid in ihrer tatsächlichen Verteilung gelagert werden.

So folgt aus (2.8) und (2.9)

$$\left.\begin{aligned} \tau_s &= -\frac{H}{g}\frac{dg}{ds} + \frac{1}{g}\int\limits_{h=0}^{H}\frac{d}{ds}(I_P - I_Q)\,dh - \frac{1}{g}\int\limits_{h=0}^{H}\frac{d\Delta g_Q}{ds}\,dh\,, \\ \tau_s &= A + B + C\,. \end{aligned}\right\} \tag{2.10}$$

Die drei Glieder der Formel (2.10) sollen nun nacheinander untersucht werden.

Dabei erscheint es angebracht, sich von vornherein über die erstrebenswerte Genauigkeit klar zu werden. Die Genauigkeit der Bestimmung der Lotabweichungen in Breite beträgt maximal etwa $\pm$ 0,″1. Deswegen erscheint es ausreichend, wenn die Lotkrümmung mit einer Genauigkeit von $\pm$ 0,″05 bestimmt wird.

2.1 Das Glied A

Das erste Glied enthält die differentielle Änderung der Schwere in der Richtung $s : \frac{dg}{ds}$. Nennen wir es A, so erhalten wir

$$A = -\frac{H}{g}\frac{dg}{ds}\varrho''\,. \tag{2.11}$$

Wir bilden das totale Differential von A:

$$dA = -\frac{\varrho''}{g}\left(\frac{dg}{ds}\right)\cdot dH + \frac{\varrho'' H}{g^2}\left(\frac{dg}{ds}\right)\cdot dg - \frac{\varrho'' H}{g}\cdot d\left(\frac{dg}{ds}\right). \tag{2.12}$$

Zur Untersuchung der drei Ausdrücke in Formel (2.12) müssen wir Angaben machen über die Größen der darin enthaltenen Symbole. Wenn wir die aus 3 Gliedern bestehende gesamte Lotkrümmung mit einem mittleren Fehler von $\pm$ 0,″05 erhalten wollen, darf der Fehler des ersten Gliedes A $\pm$ 0,″03 nicht überschreiten, wenn wir annehmen, daß sich auch die Glieder B und C mit etwa der gleichen Genauigkeit bestimmen lassen. Wir setzen also $dA = \pm$ 0,″03. g ist die Schwere, wir nehmen an, daß sie mit einem Fehler bestimmt ist, der sicherlich kleiner ist als 10 mgal. Um jedoch eine gewisse Sicherheit zu haben, nehmen wir $dg = \pm$ 10 mgal an. Als maximale Höhe nehmen wir den Wert von $H = 1{,}2$ km und die Genauigkeit der Höhenbestimmung von $dH = \pm 1$ m an. Das dürfte für unser Land als Maximalwert anzusehen sein, selbst bei trigonometrisch bestimmten Höhen. Für den Wert $\left(\frac{dg}{ds}\right)$, den horizontalen Schweregradienten, entnehmen wir aus Schwerekarten von Deutschland einen Maximalwert von etwa 3 mgal/km. Um sicher zu gehen, erhöhen wir diesen Wert und setzen $\left(\frac{dg}{ds}\right) = 5$ mgal/km. Dann erhalten wir mit $g = 1.10^6$ mgal und $\varrho'' = 2.10^5$

$$\frac{\varrho''}{g}\left(\frac{dg}{ds}\right)dH = \frac{2''\cdot 10^5\cdot 5}{1\cdot 10^6}\,0{,}001 = 0{,}''001\,,$$

$$\frac{\varrho'' H}{g^2}\cdot\left(\frac{dg}{ds}\right)\cdot dg = \frac{2''\cdot 10^5\cdot 1{,}2}{1\cdot 10^{12}}\cdot 5\cdot 10 = 1{,}''2\cdot 10^{-5}\,.$$

Diese beiden Glieder können wir also vernachlässigen. So erhalten wir

$$0,''03 = \frac{\varrho'' H}{g} \cdot d\left(\frac{dg}{ds}\right) = \frac{2'' \cdot 10^5}{1 \cdot 10^6} \cdot H \cdot d\left(\frac{dg}{ds}\right),$$

$$0,''03 = 0,''2 \cdot H \cdot d\left(\frac{dg}{ds}\right),$$

und daraus eine Relation zwischen der Höhe und der erforderlichen Genauigkeit des Gradienten

$$0{,}15 = H \cdot d\left(\frac{dg}{ds}\right). \tag{2.13}$$

Wir erkennen aus (2.13), daß wir den Schweregradienten um so genauer brauchen, je höher sich der Aufpunkt über dem Meeresspiegel befindet. Eine kleine Tabelle soll das verdeutlichen; indem wir $dA = 0,''03$ anhalten, bekommen wir:

H in km	benötigtes $d\left(\frac{dg}{ds}\right)$
0,1	±1,5 mgal/km
0,3	±0,5 mgal/km
0,5	±0,3 mgal/km
0,8	±0,2 mgal/km
1,0	±0,15 mgal/km
1,2	±0,13 mgal/km

Zur Bestimmung des Schweregradienten können wir folgenden, von Arnold in [1] beschrittenen Weg gehen:

In einem Gebiet um den Aufpunkt werden mit einem Gravimeter an etwa 30 gleichmäßig verteilten Punkten Schweredifferenzen gemessen und auch tachymetrisch die Koordinaten x, y, z eines örtlichen rechtwinkligen Koordinatensystems bestimmt. Aus dem Ansatz

$$v_i = -\Delta g_i + g_x \cdot x + g_y \cdot y + g_z \cdot z + \frac{1}{2} g_{xx} \cdot x^2 + \frac{1}{2} g_{yy} \cdot y^2$$
$$+ \frac{1}{2} g_{zz} \cdot z^2 + g_{xy} \cdot x\, y + g_{xz} \cdot x\, z + g_{yz} \cdot y\, z \tag{2.14}$$

werden durch eine Ausgleichung nach vermittelnden Beobachtungen die plausibelsten Werte der Ableitungen von g bestimmt.

Mit den Werten $g_x = \frac{dg}{dx}$ und $g_y = \frac{dg}{dy}$ und dem Azimut ψ der Strecke s können wir dann nach der Formel

$$\frac{dg}{ds} = g_x \cos\psi + g_y \sin\psi \tag{2.15}$$

den Schweregradienten in Richtung der Strecke s berechnen. Den maximalen Schweregradienten und seine Richtung bekommen wir aus den Formeln

$$\left(\frac{dg}{ds}\right)_{\max} = \sqrt{g_x^2 + g_y^2}, \qquad \operatorname{tg}\psi_{\max} = \frac{g_y}{g_x}. \tag{2.16}$$

2.2 Das Glied *B*

Es soll nunmehr das zweite Glied

$$B = \frac{1}{g} \int_{h=0}^{H} \frac{d}{ds} (I_P - I_Q)\, dh \tag{2.17}$$

untersucht werden.

Wir haben zu verstehen unter

I_P — die Komponente, die für die Vertikalintensität der Schwere im Punkte P dadurch entsteht, daß man die über dem Geoid gelegenen Erdmassen beseitigt,

I_Q — die Komponente, die für die Vertikalintensität der Schwere im Punkte Q dadurch entsteht, daß die Erdmassen wieder über dem Geoid in ihrer tatsächlichen Verteilung gelagert werden.

Wir teilen das Gelände um den Punkt P bzw. Q durch Kreise und Sektoren zunächst in Teilflächen ein, die wir Kompartimente C_{ik} nennen wollen. Für ein solches Kompartiment soll der Wert $B_{C_{ik}}$ berechnet werden.

$$B_{C_{ik}} = \frac{1}{g} \int_{h=0}^{H} \frac{d}{ds} (I_P - I_Q)_{C_{ik}} \, dh \, . \tag{2.18}$$

B nach (2.17) erhalten wir aus der Summation über alle Kompartimente:

$$B = \sum_i{}' \sum_k{}' B_{C_{ik}} \, . \tag{2.19}$$

Zunächst wird Formel (2.17) in zwei Teile zerlegt:

$$B = \frac{1}{g} \int_{h_Q=0}^{H_P} \frac{d}{ds} I_P \, dh_Q - \frac{1}{g} \int_{h_Q=0}^{H_P} \frac{d}{ds} I_Q \cdot dh_Q = B_1 - B_2 \, . \tag{2.20}$$

Wir wollen zuerst den Wert B_1 für ein Kompartiment bestimmen. Zu diesem Zweck wollen wir untersuchen, wie die Masse eines Kompartiments auf die Schwereintensität im Punkt P wirkt.

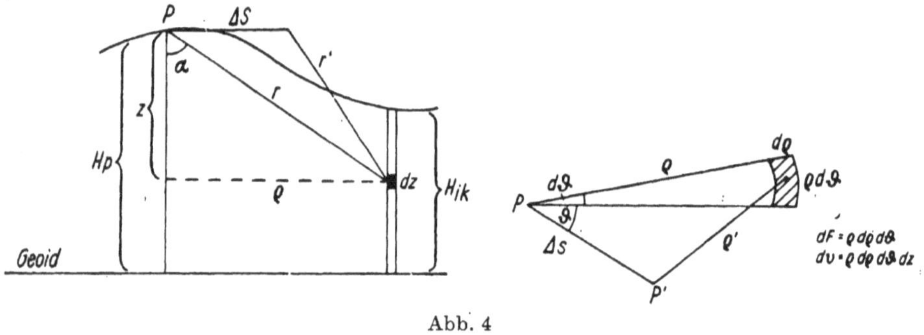

Abb. 4

Wir gehen aus von einem Volumenelement dv des Kompartiments C_{ik}. Wie aus Abb. 4 ersichtlich, haben wir für das Volumenelement dv

$$dv = \varrho \cdot d\varrho \cdot d\vartheta \cdot dz \, . \tag{2.21}$$

Die Anziehung auf den Punkt P ist dann

$$dA = f \cdot \Theta \cdot \frac{dv}{r^2} \, , \tag{2.22}$$

wobei f die Attraktionskonstante und Θ die Dichte bedeuten. Von der Anziehung verwenden wir nur die Komponente in Richtung der Schwere:

$$dZ = dA \cdot \cos\alpha = f \cdot \Theta \cdot \frac{dv}{r^2} \cdot \cos\alpha \, . \tag{2.23}$$

$\cos \alpha$ ist keine Konstante, sondern variabel mit der Höhe des Volumenelementes über dem Geoid. Wir müssen setzen

$$\cos \alpha = \frac{z}{r} \tag{2.24}$$

und erhalten mit den Formeln (2.21) und (2.23)

$$dZ = f \cdot \Theta \cdot \frac{\varrho \cdot z \cdot d\varrho \cdot d\vartheta \cdot dz}{r^3}. \tag{2.25}$$

Bewegen wir uns um Δs vom Punkte P zum Punkte P', so ändert sich auch die Anziehung, und wir erhalten entsprechend (2.25)

$$dZ' = f \cdot \Theta \cdot \frac{\varrho \cdot z \cdot d\varrho \cdot d\vartheta \cdot dz}{r'^3}. \tag{2.26}$$

Die Verbindung zwischen den Formeln (2.25) und (2.26) stellen wir her über den ebenen Kosinussatz

$$\varrho'^2 = \varrho^2 + \Delta s^2 - 2\,\varrho \cdot \Delta s \cdot \cos \vartheta\,. \tag{2.27}$$

Andererseits ist aber auch

$$r' = \sqrt{\varrho'^2 + z^2}\,, \tag{2.28}$$

so daß wir anstelle von (2.26) erhalten

$$dZ' = f \cdot \Theta \frac{\varrho \cdot z \cdot d\varrho \cdot d\vartheta \cdot dz}{(\varrho^2 + \Delta s^2 - 2\,\varrho \cdot \Delta s \cdot \cos \vartheta + z^2)^{3/2}}. \tag{2.29}$$

Wir differenzieren nach Δs und bekommen

$$\frac{d}{d\Delta s} dZ' = -\frac{3}{2} f \cdot \Theta \frac{\varrho \cdot z\,(2\,\Delta s - 2\,\varrho \cdot \cos \vartheta)}{(\varrho^2 + \Delta s^2 - 2\,\varrho \cdot \Delta s \cdot \cos \vartheta + z^2)^{5/2}}\, d\varrho \cdot d\vartheta \cdot dz\,. \tag{2.30}$$

Lassen wir nun $\Delta s \to 0$ gehen, so kommen wir wieder zum Punkt P zurück und erhalten

$$\frac{d}{ds} dZ = 3 \cdot f \cdot \Theta \frac{\varrho^2 \cdot z \cdot \cos \vartheta}{(\varrho^2 + z^2)^{5/2}}\, d\varrho \cdot d\vartheta \cdot dz\,. \tag{2.31}$$

Wir gehen nun vom Volumenelement über zum Kompartiment C_{ik} und müssen dreifach integrieren. Wir betrachten

ϱ in den Grenzen ϱ_i bis ϱ_{i+1},
ϑ in den Grenzen ϑ_k bis ϑ_{k+1},
z in den Grenzen $(H_P - H_{ik})$ bis H_P

und erhalten so

$$\frac{d}{ds} Z = 3 \cdot f \cdot \Theta \int_{\vartheta_k}^{\vartheta_{k+1}} \cos \vartheta \cdot d\vartheta \int_{\varrho_i}^{\varrho_{i+1}} \varrho^2\, d\varrho \int_{z=(H_P - H_{ik})}^{H_P} \frac{z}{(\varrho^2 + z^2)^{5/2}}\, dz\,. \tag{2.32}$$

Die Integrationen über z und ϑ werden zunächst ausgeführt. Wir erhalten

$$\frac{d}{ds} Z = -f \cdot \Theta\,(\sin \vartheta_{k+1} - \sin \vartheta_k) \int_{\varrho_i}^{\varrho_{i+1}} \left\{\frac{\varrho^2}{(\varrho^2 + H_P^2)^{3/2}} - \frac{\varrho^2}{(\varrho^2 + (H_P - H_{ik})^2)^{3/2}}\right\} d\varrho\,. \tag{2.33}$$

Es ist

$$\int_{\varrho_i}^{\varrho_{i+1}} \frac{\varrho^2}{(\varrho^2 + H_P^2)^{3/2}}\, d\varrho = \left\{-\frac{\varrho}{(\varrho^2 + H_P^2)^{1/2}} + \ln\,[\varrho + (\varrho^2 + H_P^2)^{1/2}]\right\}_{\varrho_i}^{\varrho_{i+1}}. \tag{2.34}$$

Das $\frac{d}{ds} Z$ entspricht unserem $\frac{d}{ds} I_P$, so daß wir nunmehr schreiben können:

$$\frac{d}{ds} I_P = -f \cdot \Theta (\sin \vartheta_{k+1} - \sin \vartheta_k) \left\{ -\frac{\varrho_{i+1}}{(\varrho_{i+1}^2 + H_P^2)^{1/2}} + \frac{\varrho_{i+1}}{(\varrho_{i+1}^2 + (H_P - H_{ik})^2)^{1/2}} + \frac{\varrho_i}{(\varrho_i^2 + H_P^2)^{1/2}} \right.$$
$$\left. - \frac{\varrho_i}{(\varrho_i^2 + (H_P - H_{ik})^2)^{1/2}} + \ln \frac{\varrho_{i+1} + (\varrho_{i+1}^2 + H_P^2)^{1/2}}{\varrho_i + (\varrho_i^2 + H_P^2)^{1/2}} - \ln \frac{\varrho_{i+1} + (\varrho_{i+1}^2 + (H_P - H_{ik})^2)^{1/2}}{\varrho_i + (\varrho_i^2 + (H_P - H_{ik})^2)^{1/2}} \right\}. \tag{2.35}$$

Entsprechend Formel (2.20) hat man nun noch zu integrieren über h_Q.

Für B_1 erhält man schließlich

$$B_1 = \frac{f \cdot \Theta}{g} (\sin \vartheta_{k+1} - \sin \vartheta_k) \cdot H_P \left\{ \frac{\varrho_{i+1}}{(\varrho_{i+1}^2 + H_P^2)^{1/2}} - \frac{\varrho_{i+1}}{(\varrho_{i+1}^2 + (H_P - H_{ik})^2)^{1/2}} - \frac{\varrho_i}{(\varrho_i^2 + H_P^2)^{1/2}} \right.$$
$$\left. + \frac{\varrho_i}{(\varrho_i^2 + (H_P - H_{ik})^2)^{1/2}} - \ln \frac{\varrho_{i+1} + (\varrho_{i+1}^2 + H_P^2)^{1/2}}{\varrho_i + (\varrho_i^2 + H_P^2)^{1/2}} + \ln \frac{\varrho_{i+1} + (\varrho_{i+1}^2 + (H_P - H_{ik})^2)^{1/2}}{\varrho_i + (\varrho_i^2 + (H_P - H_{ik})^2)^{1/2}} \right\}. \tag{2.36}$$

$$B_2 = \frac{1}{g} \int_{h_Q=0}^{H_P} \frac{d}{ds} I_Q \, dh_Q . \tag{2.37}$$

I_Q ist, wie schon erwähnt, die Vertikalkomponente der Schwereintensität im Punkte Q, die dadurch entsteht, daß die Erdmassen über dem Geoid in ihrer tatsächlichen Verteilung gelagert werden.

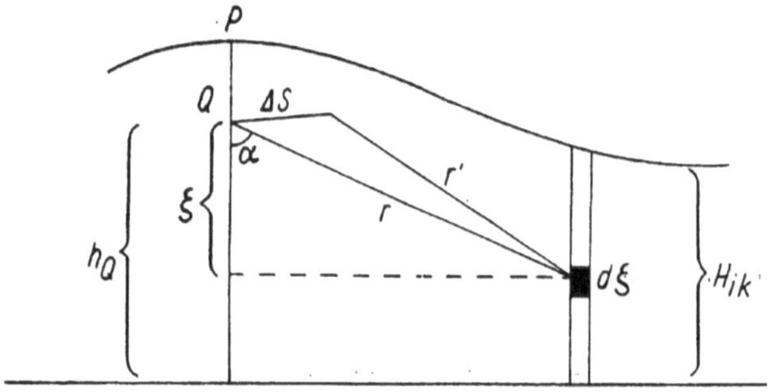

Abb. 5

Wir machen eine Formelentwicklung ganz analog der oben durchgeführten. Anstelle von Formel (2.24) erhalten wir

$$\cos \alpha = \frac{\zeta}{r} \tag{2.38}$$

und für Formel (2.31)

$$\frac{d}{ds} dZ = 3 f \cdot \Theta \frac{\varrho^2 \cdot \zeta \cdot \cos \vartheta}{(\varrho^2 + \zeta^2)^{5/2}} d\varrho \cdot d\zeta \cdot d\vartheta . \tag{2.39}$$

Wieder wird dreifach integriert, wobei die Grenzen von ζ jetzt

$$(h_Q - H_{ik}) \text{ und } h_Q$$

sind.

Wir erhalten also die Form

$$\frac{d}{ds} Z = 3 \cdot f \cdot \Theta \int\limits_{\vartheta_k}^{\vartheta_{k+1}} \cos \vartheta \, d\vartheta \int\limits_{\varrho_i}^{\varrho_{i+1}} \varrho^2 \, d\varrho \int\limits_{\zeta=(h_Q-H_{ik})}^{h_Q} \frac{\zeta}{(\varrho^2+\zeta^2)^{5/2}} \, d\zeta \,. \tag{2.40}$$

Wir wollen gleich die Integrationen über ϑ und ζ ausführen.

$$\frac{d}{ds} Z = -f \cdot \Theta \, (\sin \vartheta_{k+1} - \sin \vartheta_k) \int\limits_{\varrho_i}^{\varrho_{i+1}} \left\{ \frac{\varrho^2}{(\varrho^2+h_Q^2)^{3/2}} - \frac{\varrho^2}{(\varrho^2+(h_Q-H_{ik})^2)^{3/2}} \right\} d\varrho \,. \tag{2.41}$$

Im Gegensatz zu I_P ist I_Q von der Höhe h_Q abhängig. Nach Formel (2.20) muß man, um B_2 zu erhalten, über h_Q integrieren. Das wollen wir zunächst ausführen.

$$\int\limits_{h_Q=0}^{H_P} \frac{d}{ds} Z \cdot dh_Q = -f \cdot \Theta \, (\sin \vartheta_{k+1} - \sin \vartheta_k) \int\limits_{\varrho_i}^{\varrho_{i+1}} \varrho^2 \, d\varrho \int\limits_{h_Q=0}^{H_P} \left\{ \frac{1}{(\varrho^2+h_Q^2)^{3/2}} - \frac{1}{(\varrho^2+(h_Q-H_{ik})^2)^{3/2}} \right\} dh_Q \,. \tag{2.42}$$

Wir erhalten für die beiden Integrale in (2.42) zunächst

$$\int\limits_{h_Q=0}^{H_P} \frac{dh_Q}{(\varrho^2+h_Q^2)^{3/2}} = \frac{H_P}{\varrho^2 (\varrho^2+H_P^2)^{1/2}} \tag{2.43}$$

und

$$\int\limits_{h_Q=0}^{H_P} \frac{dh_Q}{(\varrho^2+(h_Q-H_{ik})^2)^{3/2}} = \frac{(H_P-H_{ik})}{\varrho^2 (\varrho^2+(H_P-H_{ik})^2)^{1/2}} + \frac{H_{ik}}{\varrho^2 (\varrho^2+H_{ik}^2)^{1/2}} \,. \tag{2.44}$$

Damit wird aus (2.42)

$$\int\limits_{h_Q=0}^{H_P} \frac{d}{ds} Z \cdot dh_Q = -f \cdot \Theta \, (\sin \vartheta_{k+1} - \sin \vartheta_k) \int\limits_{\varrho_i}^{\varrho_{i+1}} \left\{ \frac{H_P}{(\varrho^2+H_P^2)^{1/2}} - \frac{H_P-H_{ik}}{(\varrho^2+(H_P-H_{ik})^2)^{1/2}} - \frac{H_{ik}}{(\varrho^2+H_{ik}^2)^{1/2}} \right\} d\varrho \,. \tag{2.45}$$

Die drei Teilintegrale lauten mit ihren Lösungen:

$$\int\limits_{\varrho_i}^{\varrho_{i+1}} \frac{H_P}{(\varrho^2+H_P^2)^{1/2}} \, d\varrho = H_P \left\{ \ln \left[\varrho_{i+1} + (\varrho_{i+1}^2 + H_P^2)^{1/2} \right] - \ln \left[\varrho_i + (\varrho_i^2 + H_P^2)^{1/2} \right] \right\} , \tag{2.46}$$

$$\int\limits_{\varrho_i}^{\varrho_{i+1}} \frac{H_P-H_{ik}}{(\varrho^2+(H_P-H_{ik})^2)^{1/2}} \, d\varrho = (H_P-H_{ik}) \left\{ \ln \left[\varrho_{i+1} + (\varrho_{i+1}^2 + (H_P-H_{ik})^2)^{1/2} \right] - \ln \left[\varrho_i + (\varrho_i^2 + (H_P-H_{ik})^2)^{1/2} \right] \right\} , \tag{2.47}$$

$$\int\limits_{\varrho_i}^{\varrho_{i+1}} \frac{H_{ik}}{(\varrho^2+H_{ik}^2)^{1/2}} \, d\varrho = H_{ik} \left\{ \ln \left[\varrho_{i+1} + (\varrho_{i+1}^2 + H_{ik}^2)^{1/2} \right] - \ln \left[\varrho_i + (\varrho_i^2 + H_{ik}^2)^{1/2} \right] \right\} . \tag{2.48}$$

Nun können wir den Wert für B_2 hinschreiben:

$$B_2 = \frac{f \cdot \Theta}{g} (\sin \vartheta_{k+1} - \sin \vartheta_k) \left\{ -H_P \cdot \ln \frac{\varrho_{i+1} + (\varrho_{i+1}^2 + H_P^2)^{1/2}}{\varrho_i + (\varrho_i^2 + H_P^2)^{1/2}} + (H_P - H_{ik}) \cdot \ln \frac{\varrho_{i+1} + (\varrho_{i+1}^2 + (H_P-H_{ik})^2)^{1/2}}{\varrho_i + (\varrho_i^2 + (H_P-H_{ik})^2)^{1/2}} + H_{ik} \cdot \ln \frac{\varrho_{i+1} + (\varrho_{i+1}^2 + H_{ik}^2)^{1/2}}{\varrho_i + (\varrho_i^2 + H_{ik}^2)^{1/2}} \right\} . \tag{2.49}$$

Es soll nochmals betont werden, daß sowohl das B_1 der Formel (2.36) als auch das B_2 der Formel (2.49) sich auf das Kompartiment C_{ik} beziehen. Aus diesem Grunde werden wir in der weiteren Rechnung den Index C_{ik} verwenden.

Es ist also entsprechend Formel (2.20)

$$(B)_{C_{ik}} = (B_1)_{C_{ik}} - (B_2)_{C_{ik}},$$

$$\begin{aligned}(B)_{C_{ik}} = \frac{f \cdot \Theta}{g} (\sin \vartheta_{k+1} - \sin \vartheta_k) \Bigg[H_P \Bigg\{ &\frac{\varrho_{i+1}}{(\varrho_{i+1}^2 + H_P^2)^{1/2}} - \frac{\varrho_{i+1}}{(\varrho_{i+1}^2 + (H_P - H_{ik})^2)^{1/2}} \\ &- \frac{\varrho_i}{(\varrho_i^2 + H_P^2)^{1/2}} + \frac{\varrho_i}{(\varrho_i^2 + (H_P - H_{ik})^2)^{1/2}} \Bigg\} \\ - H_P \cdot \ln \frac{\varrho_{i+1} + (\varrho_{i+1}^2 + H_P^2)^{1/2}}{\varrho_i + (\varrho_i^2 + H_P^2)^{1/2}} &+ H_P \cdot \ln \frac{\varrho_{i+1} + (\varrho_{i+1}^2 + (H_P - H_{ik})^2)^{1/2}}{\varrho_i + (\varrho_i^2 + (H_P - H_{ik})^2)^{1/2}} \\ + H_P \cdot \ln \frac{\varrho_{i+1} + (\varrho_{i+1}^2 + H_P^2)^{1/2}}{\varrho_i + (\varrho_i^2 + H_P^2)^{1/2}} &- (H_P - H_{ik}) \cdot \ln \frac{\varrho_{i+1} + (\varrho_{i+1}^2 + (H_P - H_{ik})^2)^{1/2}}{\varrho_i + (\varrho_i^2 + (H_P - H_{ik})^2)^{1/2}} \\ - H_{ik} \cdot \ln \frac{\varrho_{i+1} + (\varrho_{i+1}^2 + H_{ik}^2)^{1/2}}{\varrho_i + (\varrho_i^2 + H_{ik}^2)^{1/2}} \Bigg]. \end{aligned} \tag{2.50}$$

Diese Formel läßt sich durch Zusammenfassen gleicher Elemente vereinfachen. Wir erhalten so

$$\begin{aligned}(B)_{C_{ik}} = \frac{f \cdot \Theta}{g} (\sin \vartheta_{k+1} - \sin \vartheta_k) \Bigg[&H_P \Bigg\{ \frac{\varrho_{i+1}}{(\varrho_{i+1}^2 + H_P^2)^{1/2}} - \frac{\varrho_i}{(\varrho_i^2 + H_P^2)^{1/2}} \Bigg\} \\ - H_P \Bigg\{ &\frac{\varrho_{i+1}}{(\varrho_{i+1}^2 + (H_P - H_{ik})^2)^{1/2}} - \frac{\varrho_i}{(\varrho_i^2 + (H_P - H_{ik})^2)^{1/2}} \Bigg\} \\ + H_{ik} \cdot \ln \frac{\varrho_{i+1} + (\varrho_{i+1}^2 + (H_P - H_{ik})^2)^{1/2}}{\varrho_i + (\varrho_i^2 + (H_P - H_{ik})^2)^{1/2}} &- H_{ik} \cdot \ln \frac{\varrho_{i+1} + (\varrho_{i+1}^2 + H_{ik}^2)^{1/2}}{\varrho_i + (\varrho_i^2 + H_{ik}^2)^{1/2}} \Bigg]. \end{aligned} \tag{2.51}$$

Zur Auswertung dieser Formel schreiben wir sie zunächst etwas anders

$$(B)_{C_{ik}} = \frac{f \cdot \Theta}{g} \cdot \varrho'' \cdot A(\vartheta) \{B(H_P) + C(H_P, \Delta H) + D(H_{ik}, \Delta H) + E(H_{ik})\}. \tag{2.52}$$

Die einzelnen Buchstabenausdrücke bedeuten dabei:

$$\left.\begin{aligned} A(\vartheta) &= \sin \vartheta_{k+1} - \sin \vartheta_k, \\ B(H_P) &= H_P \left\{ \frac{\varrho_{i+1}}{(\varrho_{i+1}^2 + H_P^2)^{1/2}} - \frac{\varrho_i}{(\varrho_i^2 + H_P^2)^{1/2}} \right\} = H_P (\alpha - \beta), \\ C(H_P, \Delta H) &= - H_P \left\{ \frac{\varrho_{i+1}}{(\varrho_{i+1}^2 + \Delta H^2)^{1/2}} - \frac{\varrho_i}{(\varrho_i^2 + \Delta H^2)^{1/2}} \right\} = - H_P (\varepsilon - \zeta), \\ D(H_{ik}, \Delta H) &= H_{ik} \cdot \ln \frac{\varrho_{i+1} + (\varrho_{i+1}^2 + \Delta H^2)^{1/2}}{\varrho_i + (\varrho_i^2 + \Delta H^2)^{1/2}} = H_{ik} \cdot \ln \delta, \\ E(H_{ik}) &= - H_{ik} \cdot \ln \frac{\varrho_{i+1} + (\varrho_{i+1}^2 + H_{ik}^2)^{1/2}}{\varrho_i + (\varrho_i^2 + H_{ik}^2)^{1/2}} = - H_{ik} \cdot \ln \eta, \end{aligned}\right\} \tag{2.53}$$

wobei $\Delta H = H_P - H_{ik}$ ist.

Wir erkennen nun sofort, daß

$$\sum_k A(\vartheta) = 0$$

gesetzt werden kann.

Das Glied $B(H_P)$ ist nur abhängig von den Radien ϱ und der Höhe des Aufpunktes H_P. Es ist leicht einzusehen, daß dann

$$\sum_i \sum_k A(\vartheta) \cdot B(H_P) = 0$$

sein muß. Bei der Auswertung der Formel (2.51) bzw. (2.52) braucht also der Wert von $B(H_P)$ nicht berücksichtigt zu werden. Wir wollen nun das dritte Glied der Formel (2.52) untersuchen

$$C\,(H_P, \Delta H) = -H_P\,(\varepsilon - \zeta)\,,$$

$$\varepsilon - \zeta = \frac{\varrho_{i+1}}{(\varrho_{i+1}^2 + \Delta H^2)^{1/2}} - \frac{\varrho_i}{(\varrho_i^2 + \Delta H^2)^{1/2}} = \frac{\varrho_{i+1}}{\varrho_{i+1}\left(1 + \dfrac{\Delta H^2}{\varrho_{i+1}^2}\right)^{1/2}} - \frac{\varrho_i}{\varrho_i\left(1 + \dfrac{\Delta H^2}{\varrho_i^2}\right)^{1/2}}\,,$$

$$\varepsilon - \zeta = \frac{1}{(1 + x_1)^{1/2}} - \frac{1}{(1 + x_2)^{1/2}}\,,$$

wobei

$$x_1 = \frac{\Delta H^2}{\varrho_{i+1}^2}\,, \qquad x_2 = \frac{\Delta H^2}{\varrho_i^2}\,.$$

Im allgemeinen kann man annehmen, daß ΔH stets kleiner sein wird als der Wert von ϱ_i, so daß wir hier eine Reihenentwicklung für x_1 und x_2 ansetzen können.

Wir erhalten dann:

$$\varepsilon - \zeta = 1 - \frac{1}{2}x_1 + \frac{3}{8}x_1^2 - \frac{5}{16}x_1^3 + \frac{35}{128}x_1^4 - + \cdots$$
$$- 1 + \frac{1}{2}x_2 - \frac{3}{8}x_2^2 + \frac{5}{16}x_2^3 - \frac{35}{128}x_2^4 + - \cdots\,,$$

$$\varepsilon - \zeta = -\frac{1}{2}(x_1 - x_2) + \frac{3}{8}(x_1^2 - x_2^2) - \frac{5}{16}(x_1^3 - x_2^3) + \frac{35}{128}(x_1^4 - x_2^4) - + \cdots$$

$$\varepsilon - \zeta = -\frac{1}{2}(x_1 - x_2)\left\{1 - \frac{3}{4}(x_1 + x_2) + \frac{5}{8}(x_1^2 + x_1 x_2 + x_2^2) - \frac{35}{64}(x_1^3 + x_1^2 x_2 + x_1 x_2^2 + x_2^3) + \cdots\right\}. \qquad (2.54)$$

Die eben angesetzte Reihe hat für einigermaßen große x eine schlechte Konvergenz. Wollen wir z. B. Formel (2.54) mit einer Genauigkeit von 1% erhalten, ohne das 4. Glied berücksichtigen zu müssen, so darf x_2 nicht größer sein als 0,22. Wir wollen nun auch noch die Glieder $D(H_{ik}, \Delta H)$ und $E(H_{ik})$ untersuchen. Wir fassen sie zu diesem Zweck zusammen und erhalten:

$$D(H_{ik}, \Delta H) + E(H_{ik}) = H_{ik}\,(\ln \delta - \ln \eta),$$

$$\ln \delta - \ln \eta = \ln \frac{\varrho_{i+1} + (\varrho_{i+1}^2 + \Delta H^2)^{1/2}}{\varrho_i + (\varrho_i^2 + \Delta H^2)^{1/2}} - \ln \frac{\varrho_{i+1} + (\varrho_{i+1}^2 + H_{ik}^2)^{1/2}}{\varrho_i + (\varrho_i^2 + H_{ik}^2)^{1/2}}\,,$$

$$\ln \delta - \ln \eta = \ln \frac{\varrho_{i+1}\,[1 + (1 + x_1)^{1/2}] \cdot \varrho_i\,[1 + (1 + x_4)^{1/2}]}{\varrho_i\,[1 + (1 + x_2)^{1/2}] \cdot \varrho_{i+1}\,[1 + (1 + x_3)^{1/2}]} = \ln \frac{1 + (1 + x_1)^{1/2}}{1 + (1 + x_2)^{1/2}} - \ln \frac{1 + (1 + x_3)^{1/2}}{1 + (1 + x_4)^{1/2}}\,,$$

$$\ln \delta - \ln \eta = \ln \delta' - \ln \eta'\,.$$

Dabei sind

$$x_1 = \frac{\Delta H^2}{\varrho_{i+1}^2}\,, \qquad x_2 = \frac{\Delta H^2}{\varrho_i^2}\,, \qquad x_3 = \frac{H_{ik}^2}{\varrho_{i+1}^2}\,, \qquad x_4 = \frac{H_{ik}^2}{\varrho_i^2}\,.$$

Zunächst wollen wir $\ln \delta'$ untersuchen. Durch Erweitern und Reihenentwicklung ergibt sich:

$$\delta' = \frac{[1+(1+x_1)]^{1/2} \cdot [1-(1+x_2)^{1/2}]}{[1+(1+x_2)^{1/2}] \cdot [1-(1+x_2)^{1/2}]} = -\frac{1}{x_2}\left\{\left(1+1+\frac{1}{2}x_1-\frac{1}{8}x_1^2+\frac{1}{16}x_1^3-\frac{5}{128}x_1^4+-\cdots\right)\right.$$
$$\left.\times\left(1-1-\frac{1}{2}x_2+\frac{1}{8}x_2^2-\frac{1}{16}x_2^3+\frac{5}{128}x_2^4-+\cdots\right)\right\},$$

$$\delta' = -\frac{1}{x_2}\left\{\left(2+\frac{1}{2}x_1-\frac{1}{8}x_1^2+\frac{1}{16}x_1^3-\frac{5}{128}x_1^4+-\cdots\right)\right.$$
$$\left.\times\left(-\frac{1}{2}x_2+\frac{1}{8}x_2^2-\frac{1}{16}x_2^3+\frac{5}{128}x_2^4-+\cdots\right)\right\}.$$

Ausmultipliziert und geordnet ergibt das:

$$\left.\begin{aligned} \delta' &= 1+\frac{1}{4}(x_1-x_2)-\frac{1}{16}(x_1-x_2)(x_1+2x_2) \\ &\quad+\frac{1}{64}(x_1-x_2)(2x_1^2+3x_1x_2+5x_2^2)-+\cdots, \\ \delta' &= 1+a\,. \end{aligned}\right\} \qquad (2.55)$$

Setzen wir nun eine logarithmische Reihe an, welche lautet

$$\ln(1+a) = a-\frac{a^2}{2}+\frac{a^3}{3}-\frac{a^4}{4}+-\cdots,$$

dann können wir schreiben

$$\ln \delta' = \frac{1}{4}(x_1-x_2)-\frac{3}{32}(x_1^2-x_2^2)+\frac{5}{96}(x_1^3-x_2^3)-+\cdots,$$

$$\ln \delta' = \frac{1}{4}(x_1-x_2)\left\{1-\frac{3}{8}(x_1+x_2)+\frac{5}{24}(x_1^2+x_1x_2+x_2^2)-+\cdots\right\}. \qquad (2.56)$$

Auch hier ist die Konvergenz der Reihe nicht sehr gut. Wollen wir Formel (2.56) mit einer Genauigkeit von 1% erhalten, ohne das dritte Glied zu berücksichtigen, dann darf x_2 nicht größer als 0,17 sein.

Für $\ln \eta'$ eine ähnliche Reihenentwicklung anzusetzen, ist nicht statthaft, da x_3 und x_4 im allgemeinen nicht kleiner als 1 werden.

Es ist daher zu raten, die Formeln (2.54) und (2.56) nur in besonders günstigen Fällen, bei denen die Werte für x_1 und x_2 unter den angegebenen Grenzen liegen, zur Berechnung zu verwenden. Einfacher dürfte die Benutzung der angeführten Tabellen sein, welche $(\varepsilon - \zeta)$, $\ln \delta'$ und $\ln \eta'$ tabuliert enthalten. Diese Tabellen sind nach den strengen Formeln (2.53) berechnet (Seiten 61 bis 68).

Es ist nun noch zu untersuchen, wie weit wir die Massen im Umkreis des Aufpunktes berücksichtigen müssen. Zunächst nehmen wir das Gelände in der nächsten Umgebung des Aufpunktes als eben an, d. h., wir vernachlässigen dann die dort befindlichen Massen. Das wird man in den meisten Fällen bis zu einem Kreis vom Radius 50 m machen können. Liegt der Punkt besonders ungünstig auf einem stark in einer Richtung geneigten Gelände, so wird man allenfalls die Massen von 20 m bis 50 m noch berücksichtigen müssen. Wir nehmen also als innere Grenze den Radius von 50 m an.

Bei wachsendem ϱ wird der Einfluß von ΔH bzw. H_{ik} kleiner werden. Nehmen wir ein mittleres Vergrößerungsverhältnis der Kreisradien ϱ_{i+1}/ϱ_i von 1,6 an, und setzen wir $\varrho_i = 8 \cdot \Delta H$, dann erhalten wir mit $\varrho_{i+1} = 1{,}6 \cdot 8 \cdot \Delta H \cong 12 \cdot \Delta H$ für den Ausdruck $(\varepsilon - \zeta)$

$$(\varepsilon - \zeta) = 0{,}0043\,.$$

$(\varepsilon - \zeta)$ wird multipliziert mit H_P, welches im Gebiet der DDR maximal etwa 1200 m beträgt. Multiplizieren wir noch mit $A(\vartheta)$, das maximal 0,5 ist, so erhalten wir

$$A(\vartheta) \cdot H_P \cdot (\varepsilon - \zeta) = 2{,}58 \text{ m} .$$

Setzen wir für f den Wert $f = 6{,}685 \cdot 10^{-8} \left[\frac{\text{cm}^3}{\text{g sec}^2}\right]$ und für g einen mittleren Wert $g = 981\left[\frac{\text{cm}}{\text{sec}^2}\right]$, so erhalten wir den Faktor

$$f \cdot \frac{\varrho''}{g} = 0'',001 \quad 406 \text{ cm}^3 \cdot \text{g}^{-1} \cdot \text{m}^{-1}.$$

Mit $\Theta = 2{,}6$ g $\cdot$ cm^{-3} ergibt sich

$$\frac{f \cdot \Theta}{g} \cdot \varrho'' \cdot A(\vartheta) \cdot Hp\,(\varepsilon - \zeta) \cong 0,''009 .$$

Das können wir aber vernachlässigen.

Wir wollen auch noch den Wert $H_{ik} \cdot \ln \delta'$ betrachten. Mit den oben angegebenen Werten $\varrho_i = 8 \cdot \Delta H$, $\varrho_{i+1} = 12 \cdot \Delta H$ erhalten wir bei $H_{ik} = 1200$ m und $\Theta = 2.6$

$$H_{ik} \cdot \ln \delta' = 2{,}6 \text{ m} ,$$

$$\frac{f \cdot \Theta}{g} \cdot \varrho'' \cdot A(\vartheta) \cdot H_{ik} \cdot \ln \delta' = 0,''005 .$$

Beide Werte können als Maximalwerte angesehen werden, die sich zudem durch Summation über den ganzen Horizont beträchtlich reduzieren. Jedenfalls kann als Regel aufgestellt werden: Als innere Begrenzung (ϱ_i) des äußersten Kreisringes haben wir zu nehmen etwa das 8fache des Maximalwertes von ΔH bzw. H_{ik} in dem betreffenden Kreisring.

Finden wir z. B. im Bereich h (2,2—3,0 km) ein $\Delta H_{\max}$ von 360 m ($\Delta H > H_{ik}$), so ist dieser Bereich noch mitzunehmen, während der Bereich i (3,0—5,0 km) bei einem $H_{ik_{\max}}$ von 360 m ($H_{ik} > \Delta H$) nicht mehr berücksichtigt zu werden braucht. Wir haben also auch für das Bergland im Maximum nur einen Umkreis von etwa 10 km zu berücksichtigen. Dementsprechend teilen wir die Bereiche wie folgt ein:

Tabelle 1

Bereich	ϱ_i ϱ_{i+1} in km	Bereich	ϱ_i ϱ_{i+1} in km
a	0,050—0,100	*g*	1,500— 2,200
b	0,100—0,200	*h*	2,200— 3,000
c	0,200—0,400	*i*	3,000— 5,000
d	0,400—0,650	*k*	5,000— 7,000
e	0,650—1,000	*l*	7,000—10,000
f	1,000—1,500		

2.3 Das Glied *C*

Wir wollen nun das 3. Glied der Formel (2.10) untersuchen. Es lautet

$$C = -\frac{1}{g} \int_{h_Q=0}^{H_P} \frac{d\,\Delta g_Q}{ds} \cdot dh_Q . \qquad (2.57)$$

Für die Freiluftreduktion Δg_Q erhält man

$$\Delta g_Q \cong 2 \cdot g \cdot K\,(H_P - h_Q) . \qquad (2.58)$$

K ist die mittlere Krümmung der Niveaufläche.

Wir differenzieren (2.58) nach s, wobei wir die Abhängigkeit von s von der Höhe vernachlässigen können. Wir erhalten dann

$$\frac{d}{ds} \Delta g_Q = 2 \cdot K \cdot (H_P - h_Q) \frac{dg}{ds} + 2 \cdot g (H_P - h_Q) \frac{dK}{ds} . \tag{2.59}$$

Setzen wir im ersten Glied der Formel (2.59) näherungsweise

$$K \cong \frac{1}{R} ,$$

wobei $R =$ dem mittleren Erdradius ist, so läßt sich leicht erkennen, daß dieses Glied gegenüber dem Glied A der Gleichung (2.10) vernachlässigt werden kann. Der dadurch entstehende relative Fehler beträgt höchstens $1 \cdot 10^{-4}$. Damit bekommen wir dann

$$\frac{d}{ds} \Delta g_Q = 2 \cdot g (H_P - h_Q) \frac{dK}{ds} . \tag{2.60}$$

Zunächst wollen wir uns die Krümmung K näher betrachten. Bezeichnen wir mit W das Potential der Schwerkraft, so erhalten wir aus der Flächentheorie als Wert für die mittlere Krümmung einer Niveaufläche [10, Seite 406],

$$K = \frac{1}{2g} (W_{22} + W_{11}) . \tag{2.61}$$

Hier bedeuten

$$W_{22} = \left(\frac{\partial^2 W}{\partial y^2}\right) \quad \text{und} \quad W_{11} = \left(\frac{\partial^2 W}{\partial x^2}\right) .$$

Diese beiden Werte können nicht ohne weiteres aus Schwerkraftmessungen bestimmt werden. Wir können sie aber auf andere Art gewinnen.

Für die Komponenten der Lotabweichungen gelten folgende Ausdrücke:

$$\left.\begin{aligned} \xi &= -\frac{1}{g} \cdot \frac{\partial W}{\partial x} = -\frac{1}{g} W_1 , \\ \eta &= -\frac{1}{g} \cdot \frac{\partial W}{\partial y} = -\frac{1}{g} W_2 . \end{aligned}\right\} \tag{2.62}$$

Differenzieren wir die erste Gleichung des Systems (2.62) nach x, so erhalten wir

$$\frac{\partial \xi}{\partial x} = \frac{1}{g^2} \cdot \frac{\partial W}{\partial x} \cdot \frac{\partial g}{\partial x} - \frac{1}{g} \cdot \frac{\partial^2 W}{\partial x^2} . \tag{2.63}$$

Dafür kann man auch anders schreiben:

$$\frac{\partial \xi}{\partial x} = -\frac{1}{g} \left(W_{11} + \frac{\partial g}{\partial x} \cdot \xi\right) . \tag{2.64}$$

Ähnlich bekommt man für die zweite Gleichung

$$\frac{\partial \eta}{\partial y} = -\frac{1}{g} \left(W_{22} + \frac{\partial g}{\partial y} \cdot \eta\right) . \tag{2.65}$$

Addieren wir (2.64) und (2.65), so erhalten wir

$$\frac{\partial \xi}{\partial x} + \frac{\partial \eta}{\partial y} = -\frac{1}{g} (W_{11} + W_{22}) - \frac{1}{g} \left(\frac{\partial g}{\partial x} \cdot \xi + \frac{\partial g}{\partial y} \cdot \eta\right) . \tag{2.66}$$

Durch Umstellen erhalten wir dann

$$-2K = \left(\frac{\partial \xi}{\partial x} + \frac{\partial \eta}{\partial y}\right) + \frac{1}{g} \left(\frac{\partial g}{\partial x} \cdot \xi + \frac{\partial g}{\partial y} \cdot \eta\right) . \tag{2.67}$$

Wir wollen noch die Größenordnung des zweiten Gliedes von (2.67) abschätzen. Wir nehmen ξ und η zu maximal 10″ an und $\partial g/\partial x$ und $\partial g/\partial y$ zu maximal 5 mgal/km. Mit $g = 10^6$ mgal erhalten wir dann

$$\frac{1}{g}\left(\frac{\partial g}{\partial x}\cdot\xi + \frac{\partial g}{\partial y}\cdot\eta\right) = \frac{2\cdot 5\cdot 10''}{10^6} = 10^{-4} = 0{,}''0001\ \mathrm{km}^{-1}\,.$$

Demgegenüber kann das erste Glied von (2.67) durchaus den Wert von 1″ km^{-1} erreichen, so daß man das zweite Glied ohne weiteres vernachlässigen darf.

Damit wird dann genügend genau

$$K \cong -\frac{1}{2}\left(\frac{\partial\xi}{\partial x} + \frac{\partial\eta}{\partial y}\right). \tag{2.68}$$

Wir wollen nun noch die differentielle Änderung von K in der x- und der y-Richtung betrachten. Wir bekommen hier

$$\frac{dK}{dx} = -\frac{1}{2}\left(\frac{\partial^2\xi}{\partial x^2} + \frac{\partial^2\eta}{\partial x\cdot\partial y}\right), \qquad \frac{dK}{dy} = -\frac{1}{2}\left(\frac{\partial^2\xi}{\partial x\cdot\partial y} + \frac{\partial^2\eta}{\partial y^2}\right). \tag{2.69}$$

Gehen wir nunmehr zurück zur Formel (2.57). Mit (2.60) erhalten wir:

$$C_x = -2\int\limits_{h_Q=0}^{H_P}(H_P - h_Q)\,\frac{dK}{dx}\cdot dh_Q\,. \tag{2.70}$$

Führen wir für $\frac{dK}{dx}$ einen Mittelwert ein, $\left(\overline{\frac{dK}{dx}}\right)$, so erhalten wir dann

$$C_x = -2\left(\overline{\frac{dK}{dx}}\right)\int\limits_{h_Q=0}^{H_P}(H_P - h_Q)\,dh_Q\,. \tag{2.71}$$

Die Integration wird jetzt ausgeführt, wir erhalten

$$C_x = -H_P^2\left(\overline{\frac{dK}{dx}}\right) \quad \text{bzw.} \quad C_y = -H_P^2\left(\overline{\frac{dK}{dy}}\right). \tag{2.72}$$

Damit haben wir auch das dritte Glied der Formel (2.10) erhalten.

Den gesamten Wert der Lotkrümmung können wir nun mit Hilfe der Formeln (2.11) (2.19), (2.51) und (2.72) erhalten als

$$\tau_x = A_x + B_x + C_x \quad \text{bzw.} \quad \tau_y = A_y + B_y + C_y\,. \tag{2.73}$$

3 Bestimmung der Lotkrümmung aus der Lage der Niveauflächen

Es soll nunmehr noch ein zweites Verfahren zur Ermittlung der Lotkrümmung beschrieben werden. Wir gehen zurück auf zwei Veröffentlichungen von Ledersteger [16, 18]. Dort wird für zwei Punkte derselben Niveaufläche die Differenz der Meereshöhen auf die Differenz der Durchschnittswerte der Schwere in den Lotlinien zurückgeführt. Wir folgen im Prinzip zunächst den Entwicklungen Ledersteger, schlagen dann aber einen anderen Weg ein, der für die praktischen Belange besser ist und außerdem ohne große Vernachlässigungen auskommt. Wir gehen wieder aus von der Formel (1.4) unserer Arbeit

$$W - W_0 = \int\limits_{h=0}^{H} g\,dh\,.$$

Bekommen wir für g einen passenden Mittelwert $\bar{g}$, so können wir schreiben

$$W - W_0 = g \cdot H \,. \tag{3.1}$$

Betrachten wir nunmehr Abb. 6. P und P_i sollen hier zwei Punkte auf der Erdoberfläche darstellen. Bekannt sind die Höhen der Punkte P und P_i, H_P und H_i und die dort gemessenen Schwerewerte g_P und g_i. Der Punkt P_i' liegt auf der Lotlinie von P_i auf der gleichen Niveaufläche, die auch durch P geht. Seine Höhe H_i' soll ermittelt werden.

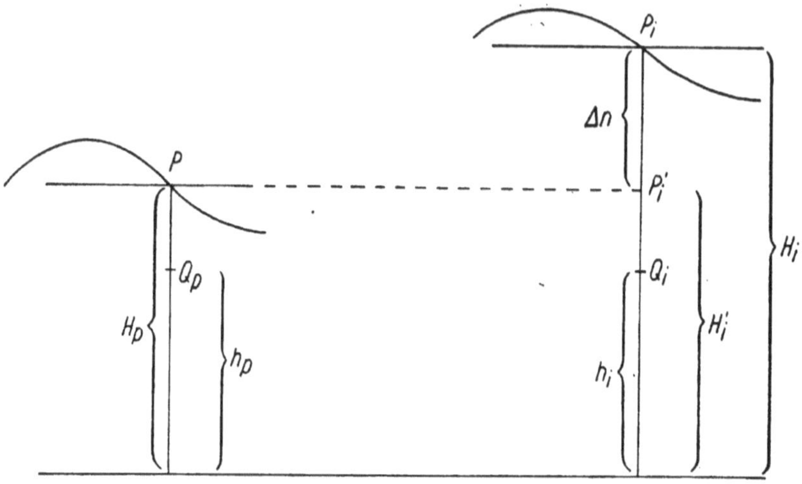

Abb. 6

Der Potentialunterschied zwischen dem Geoid und der Niveaufläche durch P lautet allgemein

$$\Delta W_P = \int_0^{H_P} g_{Q_P} \cdot dh_P \,. \tag{3.2}$$

Für g_{Q_P} erhalten wir mit der Schwerereduktion nach PREY

$$g_{Q_P} = g_P + T_P + 0{,}3086\,(H_P - h_P) - 0{,}0838 \cdot \Theta \cdot (H_P - h_P) - T_{Q_P} \,. \tag{3.3}$$

T_P stellt die topographische Reduktion auf eine Ebene durch P dar, während T_{Q_P} die topographische Reduktion in bezug auf den Punkt Q_P darstellt. Für die praktische Berechnung ist es vorteilhafter, diese zweite topographische Reduktion mit der 2. BOUGUERschen Plattenreduktion zu verbinden. Dann lautet die Formel

$$g_{Q_P} = g_P + T_P + 0{,}3086\,(H_P - h_P) - 0{,}0419 \cdot \Theta \cdot (H_P - h_P) - T'_{Q_P} \,. \tag{3.4}$$

Wir bekommen dann, wenn wir entsprechend (3.2) integrieren,

$$\Delta W_P = \int_0^{H_P} g_{Q_P} \cdot dh_P = \bar{g}_P \cdot H_P \,;$$

$$\bar{g}_P \cdot H_P = (g_P + T_P)\,H_P + (0{,}3086 - 0{,}0419 \cdot \Theta) \int_0^{H_P} (H_P - h_P)\,dh_P - \int_0^{H_P} T'_{Q_P} \cdot dh_P \,;$$

$$\bar{g}_P \cdot H_P = (g_P + T_P)\,H_P + (0{,}3086 - 0{,}0419 \cdot \Theta)\left(H_P^2 - \frac{1}{2} H_P^2\right) - \int_0^{H_P} T'_{Q_P} \cdot dh_P \,.$$

Für den Mittelwert $\bar{g}_P$ bekommen wir dann

$$\bar{g}_P = g_P + T_P + (0{,}1543 - 0{,}0209 \cdot \Theta) H_P - \frac{1}{H_P} \int_0^{H_P} T'_{Q_P} \cdot dh_P . \tag{3.5}$$

Es soll nunmehr die Höhe H'_i berechnet werden. In erster Näherung ist H'_i gleich H_P, so daß wir schreiben dürfen

$$\Delta n = H_i - H'_i \cong H_i - H_P . \tag{3.6}$$

Zunächst wollen wir den Fall behandeln, daß Δn positiv ist. Wir schreiben entsprechend (3.2)

$$\Delta W'_i = \int_0^{H'_i} g_{Q_i} \cdot dh_i = \bar{g}_i \cdot H'_i . \tag{3.7}$$

Dann wird

$$g_{Q_i} = g_i + T_i + (0{,}3086 - 0{,}0419 \cdot \Theta) (H'_i + \Delta n - h_i) - T'_{Q_i} ,$$

$$\bar{g}_i \cdot H'_i = (g_i + T_i) H'_i + (0{,}3086 - 0{,}0419 \cdot \Theta) \left(H'^2_i - \frac{1}{2} H'^2_i\right)$$

$$+ (0{,}3086 - 0{,}0419 \cdot \Theta) H'_i \cdot \Delta n - \int_0^{H'_i} T'_{Q_i} \cdot dh_i$$

und

$$\bar{g}_i = g_i + T_i + (0{,}1543 - 0{,}0209 \cdot \Theta) H'_i + (0{,}3086 - 0{,}0419 \cdot \Theta) \Delta n - \frac{1}{H'_i} \int_0^{H'_i} T'_{Q_i} \cdot dh_i . \tag{3.8}$$

Nun ist aber definitionsgemäß

$$\bar{g}_P \cdot H_P = \bar{g}_i \cdot H'_i , \tag{3.9}$$

und daraus läßt sich H'_i berechnen

$$H'_i = H_P \frac{\bar{g}_P}{\bar{g}_i}$$

oder

$$H'_i - H_P = \frac{\bar{g}_P - \bar{g}_i}{\bar{g}_i} H_P \cong \frac{\bar{g}_P - \bar{g}_i}{G} H_P . \tag{3.10}$$

Für die Differenz der mittleren Schwerewerte $\bar{g}_P - \bar{g}_i$ erhalten wir dann

$$\bar{g}_P - \bar{g}_i = (g_P - g_i) + (T_P - T_i) + (0{,}1543 - 0{,}0209 \cdot \Theta) (H_P - H'_i)$$

$$- (0{,}3086 - 0{,}0419\ \Theta) \Delta n - \frac{1}{H_P} \int_0^{H_P} T'_{Q_P} \cdot dh_P + \frac{1}{H'_i} \int_0^{H'_i} T'_{Q_i} \cdot dh_i .$$

Mit (3.6) ergibt sich

$$\bar{g}_P - \bar{g}_i = (g_P - g_i) + (T_P - T_i) - (0{,}3086 - 0{,}0419 \cdot \Theta) \Delta n$$

$$- \frac{1}{H_P} \int_0^{H_P} T'_{Q_P} \cdot dh_P + \frac{1}{H'_i} \int_0^{H'_i} T'_{Q_i} \cdot dh_i . \tag{3.11}$$

Es soll nunmehr noch ein zweiter Fall untersucht werden, worin Δn negativ ist (Abb. 7). Hier liegen die Verhältnisse insofern anders, als oberhalb von P_i nur noch die Freiluftreduktion wirksam ist.

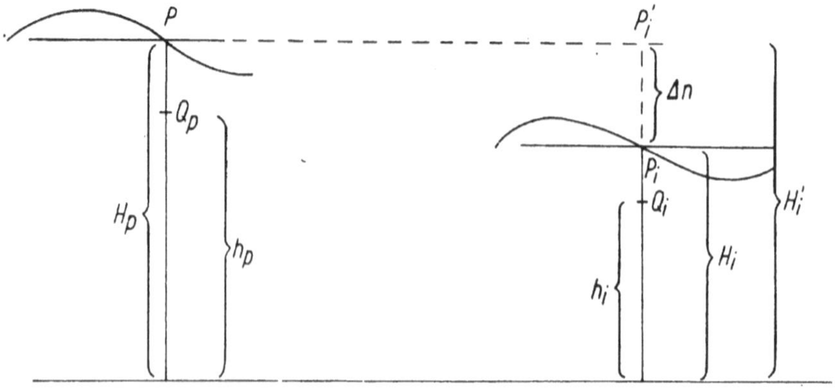

Abb. 7

Wir bekommen also bis zum Punkte P_i

$$_1g_{Q_i} = g_i + T_i + (0{,}3086 - 0{,}0419 \cdot \Theta)\,(H_i' + \Delta n - h_i) - T'_{Q_i}\,,$$

und oberhalb von P_i bis zum Punkte P_i'

$$_2g_{Q_i} = g_i + T_i + 0{,}3086\,(H_i' + \Delta n - h_i) - T'_{Q_i}\,.$$

Daraus ergibt sich dann

$$W_0 - W_{Q_i} = \int_0^{H_i'+\Delta n} {_1g_{Q_i}} \cdot dh_i + \int_{H_i'+\Delta n}^{H_i'} {_2g_{Q_i}} \cdot dh_i = \bar{g}_i \cdot H_i'\,. \tag{3.12}$$

Die Integration wird ausgeführt, es ergibt sich

$$\begin{aligned}\bar{g}_i \cdot H_i' = {} & (g_i + T_i)\,H_i' + (0{,}3086 - 0{,}0419 \cdot \Theta)\,(H_i' + \Delta n)^2 \\ & - (0{,}1543 - 0{,}0209 \cdot \Theta)\,(H_i' + \Delta n)^2 + 0{,}3086\,(H_i' + \Delta n)\,H_i' \\ & - 0{,}1543\,H_i'^2 - 0{,}3086\,(H_i' + \Delta n)^2 + 0{,}1543\,(H_i' + \Delta n)^2 - \int_0^{H_i'} T'_{Q_i} \cdot dh_i\,.\end{aligned}$$

Zusammengefaßt erhalten wir

$$\begin{aligned}\bar{g}_i \cdot H_i' = {} & (g_i + T_i)\,H_i' - 0{,}0209 \cdot \Theta\,(H_i' + \Delta n)^2 \\ & + 0{,}3086\,(H_i' + \Delta n)\,H_i' - 0{,}1543\,H_i'^2 - \int_0^{H_i'} T'_{Q_i} \cdot dh_i\,.\end{aligned} \tag{3.13}$$

Multiplizieren wir das aus und ordnen, so bekommen wir

$$\begin{aligned}\bar{g}_i \cdot H_i' = {} & (g_i + T_i)\,H_i' + (0{,}1543 - 0{,}0209 \cdot \Theta)\,H_i'^2 \\ & + (0{,}3086 - 0{,}0419 \cdot \Theta)\,H_i' \cdot \Delta n - 0{,}0209 \cdot \Theta \cdot \Delta n^2 - \int_0^{H_i'} T'_{Q_i} \cdot dh_i\end{aligned} \tag{3.14}$$

und daraus

$$\begin{aligned}\bar{g}_i = {} & g_i + T_i + (0{,}1543 - 0{,}0209 \cdot \Theta)\,H_i' \\ & + (0{,}3086 - 0{,}0419 \cdot \Theta)\,\Delta n - 0{,}0209 \cdot \Theta\,\frac{\Delta n^2}{H_i'} - \frac{1}{H_i'}\int_0^{H_i'} T'_{Q_i} \cdot dh_i\,.\end{aligned} \tag{3.15}$$

Die Differenz $\bar{g}_P - \bar{g}_i$ wird dann

$$\bar{g}_P - \bar{g}_i = (g_P - g_i) + (T_P - T_i) - (0{,}3086 - 0{,}0419 \cdot \Theta)\,\Delta n$$
$$+ 0{,}0209 \cdot \Theta \frac{\Delta n^2}{H_i'} - \frac{1}{H_P}\int_0^{H_P} T'_{Q_i} \cdot dh_P + \frac{1}{H_i'}\int_0^{H_i'} T'_{Q_i} \cdot dh_i. \qquad (3.16)$$

Es gilt also

$$\bar{g}_P - \bar{g}_i = (g_P - g_i) - (0{,}3086 - 0{,}0419 \cdot \Theta)\,\Delta n + \Delta T_{P_i} + \left[0{,}0209 \cdot \Theta \frac{\Delta n^2}{H_i'}\right], \qquad (3.17)$$

(H_i' und Δn in m),

wobei das in eckigen Klammern stehende Glied nur bei negativem Δn zu berechnen ist, während es bei positivem Δn wegfällt, also dann, wenn $H_i > H_P$.

Es soll nunmehr noch der Wert

$$\Delta T_{P_i} = (T_P - T_i) - \frac{1}{H_P}\int_0^{H_P} T'_{Q_P} \cdot dh_P + \frac{1}{H_i'}\int_0^{H_i'} T'_{Q_i} \cdot dh_i \qquad (3.18)$$

untersucht werden.

T_P bzw. T_i ist die topographische Reduktion auf den Punkt P bzw. P_i, die sogenannte erste topographische Reduktion der PREYschen Schwerereduktion. Die Anziehung eines Kreisringes mit dem inneren Radius ϱ_i und dem äußeren Radius ϱ_{i+1} und der Dicke b auf einen Punkt auf der Mittelachse des Kreisringes im Abstand c_1 von der oberen Deckfläche (Abb. 8) ist

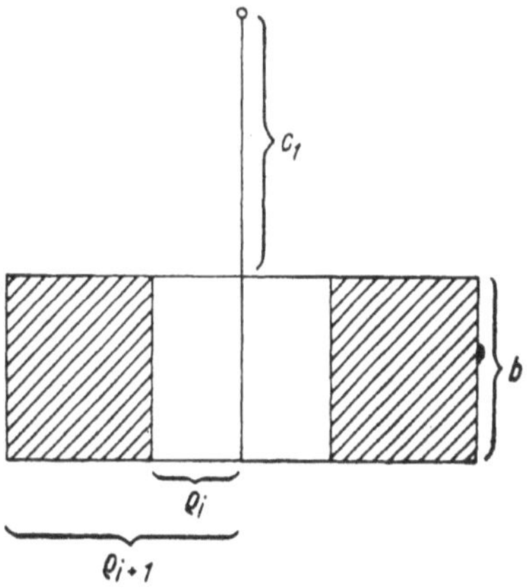

Abb. 8

$$a = 2\pi f \cdot \Theta\left(\sqrt{\varrho_{i+1}^2 + (c_1 + b)^2} - \sqrt{\varrho_{i+1}^2 + c_1^2}\right.$$
$$\left. - \sqrt{\varrho_i^2 + (c_1 + b)^2} + \sqrt{\varrho_i^2 + c_1^2}\right). \qquad (3.19)$$

Um die topographische Reduktion zu erhalten, müssen wir $c_1 = 0$ setzen und gleichzeitig das Vorzeichen umkehren. Für den n-ten Teil des Kreisringes lautet dann die topographische Reduktion

$$A_{C_{ik}} = \frac{2\pi}{n} \cdot f \cdot \Theta\left(\varrho_{i+1} - \varrho_i - \sqrt{\varrho_{i+1}^2 + b^2} + \sqrt{\varrho_i^2 + b^2}\right). \qquad (3.20)$$

Daraus erhalten wir durch Summierung über alle Kompartimente C_{ik} die erste topographische Korrektion

$$T = \sum_i \sum_k A_{C_{ik}}. \qquad (3.21)$$

Sie ist stets positiv.

Die 2. topographische Reduktion der PREYschen Schwerereduktion, die hier mit der 2. Plattenreduktion verbunden ist, bezieht sich auf einen Punkt Q in der Höhe h. Die Schwerewirkung des in Abb. 8 dargestellten Kreisringes auf einen Punkt auf der Mittelachse im Abstand c_1 von der oberen Deckfläche ist

$$u = -2\pi f\,\Theta\left(\sqrt{\varrho_{i+1}^2 + (c_1 + b)^2} - \sqrt{\varrho_{i+1}^2 + c_1^2} - \sqrt{\varrho_i^2 + (c_1 + b)^2} + \sqrt{\varrho_i^2 + c_1^2}\right). \qquad (3.22)$$

Wir haben in unserem Falle zu setzen $b = H_{ik}$ und $c_1 = h - b$, $c_1 = h - H_{ik}$. Dann wird aus (3.22)

$$u = -2\pi f \Theta \left(\sqrt{\varrho_{i+1}^2 + h^2} - \sqrt{\varrho_{i+1}^2 + (h - H_{ik})^2} - \sqrt{\varrho_i^2 + h^2} + \sqrt{\varrho_i^2 + (h - H_{ik})^2}\right). \quad (3.23)$$

Die Schwerewirkung eines Kompartiments $(T'_{C_{ik}})$ ist dann der n-te Teil davon. Entsprechend Formel (3.18) ist das zu integrieren über h:

$$-\frac{1}{H_P}\int\limits_{h=0}^{H_P} (T'_{C_{ik}})\, dh = +\frac{1}{H_P}\frac{2\pi}{n} f \cdot \Theta \int\limits_{h=0}^{H_P} \Big(\sqrt{\varrho_{i+1}^2 + h^2} - \sqrt{\varrho_{i+1}^2 + (h - H_{ik})^2}$$

$$- \sqrt{\varrho_i^2 + h^2} + \sqrt{\varrho_i^2 + (h - H_{ik})^2}\Big)\, dh\,. \quad (3.24)$$

Nun ist

$$\int\limits_0^{H_P} \sqrt{\varrho_{i+1}^2 + h^2}\, dh = \frac{h}{2}\sqrt{\varrho_{i+1}^2 + h^2} + \frac{\varrho_{i+1}^2}{2}\ln\left(h + \sqrt{\varrho_{i+1}^2 + h^2}\right)\Big|_0^{H_P}$$

$$= \frac{H_P}{2}\sqrt{\varrho_{i+1}^2 + H_P^2} + \frac{\varrho_{i+1}^2}{2}\ln\left(H_P + \sqrt{\varrho_{i+1}^2 + H_P^2}\right) - \frac{\varrho_{i+1}^2}{2}\ln \varrho_{i+1}\,. \quad (3.25)$$

Für die Auflösung des zweiten Integrals setzen wir $h - H_{ik} = z$ und erhalten

$$h - H_{ik} = z \qquad dh = dz$$

für $h = 0$ wird $z = -H_{ik}$ und

für $h = H_P$ wird $z = H_P - H_{ik}$.

Das eingesetzt, ergibt

$$-\int\limits_{z=-H_{ik}}^{H_P - H_{ik}} \sqrt{\varrho_{i+1}^2 + z^2}\, dz = -\frac{H_P - H_{ik}}{2}\sqrt{\varrho_{i+1}^2 + (H_P - H_{ik})^2}$$

$$-\frac{\varrho_{i+1}^2}{2}\ln\left(H_P - H_{ik} + \sqrt{\varrho_{i+1}^2 + (H_P - H_{ik})^2}\right)$$

$$-\frac{H_{ik}}{2}\sqrt{\varrho_{i+1}^2 + H_{ik}^2} + \frac{\varrho_{i+1}^2}{2}\ln\left(-H_{ik} + \sqrt{\varrho_{i+1}^2 + H_{ik}^2}\right). \quad (3.26)$$

Damit können wir nun (3.24) ausrechnen:

$$-\frac{1}{H_P}\int\limits_0^{H_P} (T'_{C_{ik}})_P \cdot dh = +\frac{1}{H_P}\cdot\frac{2\pi}{n}\cdot f \cdot \Theta_P \left\{\frac{H_P}{2}\sqrt{\varrho_{i+1}^2 + H_P^2} + \frac{\varrho_{i+1}^2}{2}\ln\frac{H_P + \sqrt{\varrho_{i+1}^2 + H_P^2}}{\varrho_{i+1}}\right.$$

$$-\frac{H_P - H_{ik}}{2}\sqrt{\varrho_{i+1}^2 + (H_P - H_{ik})^2} - \frac{H_{ik}}{2}\sqrt{\varrho_{i+1}^2 + H_{ik}^2}$$

$$-\frac{\varrho_{i+1}^2}{2}\ln\frac{(H_P - H_{ik}) + \sqrt{\varrho_{i+1}^2 + (H_P - H_{ik})^2}}{-H_{ik} + \sqrt{\varrho_{i+1}^2 + H_{ik}^2}}$$

$$-\frac{H_P}{2}\sqrt{\varrho_i^2 + H_P^2} - \frac{\varrho_i^2}{2}\ln\frac{H_P + \sqrt{\varrho_i^2 + H_P^2}}{\varrho_i}$$

$$+\frac{H_P - H_{ik}}{2}\sqrt{\varrho_i^2 + (H_P - H_{ik})^2} + \frac{H_{ik}}{2}\sqrt{\varrho_i^2 + H_{ik}^2}$$

$$\left. + \frac{\varrho_i^2}{2}\ln\frac{(H_P - H_{ik}) + \sqrt{\varrho_i^2 + (H_P - H_{ik})^2}}{-H_{ik} + \sqrt{\varrho_i^2 + H_{ik}^2}}\right\}. \quad (3.27)$$

Wir setzen noch $H_P - H_{ik} = \Delta h$ und fassen zusammen:

$$
\begin{aligned}
-\frac{1}{H_P}\int_0^{H_P}(T'_{C_{ik}})_P\cdot dh = \frac{1}{H_P}\cdot\frac{2\pi}{n}\cdot f\cdot\Theta_P\Bigg\{&\frac{H_P}{2}\left(\sqrt{\varrho_{i+1}^2+H_P^2}-\sqrt{\varrho_i^2+H_P^2}\right)\\
&-\frac{H_{ik}}{2}\left(\sqrt{\varrho_{i+1}^2+H_{ik}^2}-\sqrt{\varrho_i^2+H_{ik}^2}\right)-\frac{\Delta h}{2}\left(\sqrt{\varrho_{i+1}^2+\Delta h^2}-\sqrt{\varrho_i^2+\Delta h^2}\right)\\
&+\frac{\varrho_{i+1}^2}{2}\ln\frac{H_P+\sqrt{\varrho_{i+1}^2+H_P^2}}{\varrho_{i+1}}\cdot\frac{-H_{ik}+\sqrt{\varrho_{i+1}^2+H_{ik}^2}}{\Delta h+\sqrt{\varrho_{i+1}^2+\Delta h^2}}\\
&-\frac{\varrho_i^2}{2}\ln\frac{H_P+\sqrt{\varrho_i^2+H_P^2}}{\varrho_i}\cdot\frac{-H_{ik}+\sqrt{\varrho_i^2+H_{ik}^2}}{\Delta h+\sqrt{\varrho_i^2+\Delta h^2}}\Bigg\}.
\end{aligned}
\tag{3.28}
$$

Entsprechend rechnen wir auch das zweite Integral der Gleichung (3.18). Wir können hier genügend genau $H_i' = H_P$ setzen und erhalten

$$
\frac{1}{H_i'}\int_0^{H_i'}(T'_{C_{ik}})_i\,dh = \frac{1}{H_P}\int_0^{H_P}(T'_{C_{ik}})_i\,dh\,. \tag{3.29}
$$

Die Entwicklung ist genauso wie oben, und wir erhalten das Ergebnis, wenn wir setzen

H'_{ik} anstatt H_{ik} und

$\Delta h'$ anstatt Δh, wobei $\Delta h' = H_P - H'_{ik}$ ist.

Dann bekommen wir

$$
\begin{aligned}
\frac{1}{H_P}\int_0^{H_P}(T'_{C_{ik}})_i\,dh = +\frac{1}{H_P}\cdot\frac{2\pi}{n}\cdot f\cdot\Theta_i\Bigg\{&-\frac{H_P}{2}\left(\sqrt{\varrho_{i+1}^2+H_P^2}-\sqrt{\varrho_i^2+H_P^2}\right)\\
&+\frac{H'_{ik}}{2}\left(\sqrt{\varrho_{i+1}^2+H'^2_{ik}}-\sqrt{\varrho_i^2+H'^2_{ik}}\right)+\frac{\Delta h'}{2}\left(\sqrt{\varrho_{i+1}^2+\Delta h'^2}-\sqrt{\varrho_i^2+\Delta h'^2}\right)\\
&-\frac{\varrho_{i+1}^2}{2}\ln\frac{H_P+\sqrt{\varrho_{i+1}^2+H_P^2}}{\varrho_{i+1}}\cdot\frac{-H'_{ik}+\sqrt{\varrho_{i+1}^2+H'^2_{ik}}}{\Delta h'+\sqrt{\varrho_{i+1}^2+\Delta h'^2}}\\
&+\frac{\varrho_i^2}{2}\ln\frac{H_P+\sqrt{\varrho_i^2+H_P^2}}{\varrho_i}\cdot\frac{-H'_{ik}+\sqrt{\varrho_i^2+H'^2_{ik}}}{\Delta h'+\sqrt{\varrho_i^2+\Delta h'^2}}\Bigg\}.
\end{aligned}
\tag{3.30}
$$

Wir haben die Differenz der beiden Schwerewirkungen für jedes Kompartiment C_{ik} zu bestimmen und schließlich über alle Kompartimente zu summieren.

$$
\left.
\begin{aligned}
\Delta T_{Pi} &= (T_P - T_i) - \frac{1}{H_P}\int_0^{H_P}T'_{Q_P}\cdot dh + \frac{1}{H_P}\int_0^{H_P}T'_{Q_i}\cdot dh\,,\\
\Delta T_{Pi} &= \Delta T_1 - \Delta T_2\,,
\end{aligned}
\right\} \tag{3.31}
$$

$$
\Delta T_2 = \sum\left(-\frac{1}{H_P}\int_0^{H_P}(T'_{C_{ik}})_P\cdot dh + \frac{1}{H_P}\int_0^{H_P}(T'_{C_{ik}})_i\cdot dh\right). \tag{3.32}
$$

ΔT_2 wird dann einfach zu berechnen, wenn wir $\Theta_P = \Theta_i = \Theta$ setzen:

$$-\frac{1}{H_P}\int_0^{H_P}(T'_{C_{ik}})_P\cdot dh + \frac{1}{H_P}\int_0^{H_P}(T'_{C_{ik}})_i\cdot dh = \frac{1}{H_P}\cdot\frac{2\pi}{n}f\cdot\Theta\Big\{-\frac{H_{ik}}{2}\Big(\sqrt{\varrho_{i+1}^2+H_{ik}^2}-\sqrt{\varrho_i^2+H_{ik}^2}\Big)$$

$$+\frac{H'_{ik}}{2}\Big(\sqrt{\varrho_{i+1}^2+H'^2_{ik}}-\sqrt{\varrho_i^2+H'^2_{ik}}\Big)-\frac{\Delta h}{2}\Big(\sqrt{\varrho_{i+1}^2+\Delta h^2}-\sqrt{\varrho_i^2+\Delta h^2}\Big)$$

$$+\frac{\Delta h'}{2}\Big(\sqrt{\varrho_{i+1}^2+\Delta h'^2}-\sqrt{\varrho_i^2+\Delta h'^2}\Big)+\frac{\varrho_{i+1}^2}{2}\ln\frac{-H_{ik}+\sqrt{\varrho_{i+1}^2+H_{ik}^2}}{\Delta h+\sqrt{\varrho_{i+1}^2+\Delta h^2}}\cdot\frac{\Delta h'+\sqrt{\varrho_{i+1}^2+\Delta h'^2}}{-H'_{ik}+\sqrt{\varrho_{i+1}^2+H'^2_{ik}}}$$

$$-\frac{\varrho_i^2}{2}\ln\frac{-H_{ik}+\sqrt{\varrho_i^2+H_{ik}^2}}{\Delta h+\sqrt{\varrho_i^2+\Delta h^2}}\cdot\frac{\Delta h'+\sqrt{\varrho_i^2+\Delta h'^2}}{-H'_{ik}+\sqrt{\varrho_i^2+H'^2_{ik}}}\Big\}. \qquad (3.33)$$

Das läßt sich in 4 gleiche Formelgruppen ordnen:

$$(\Delta T_2)_{C_{ik}} = \frac{1}{H_P}\cdot\frac{2\pi}{n}f\cdot\Theta\Big\{-\frac{H_{ik}}{2}\Big(\sqrt{\varrho_{i+1}^2+H_{ik}^2}-\sqrt{\varrho_i^2+H_{ik}^2}\Big)+\frac{\varrho_{i+1}^2}{2}\ln\Big(-H_{ik}+\sqrt{\varrho_{i+1}^2+H_{ik}^2}\Big)$$

$$-\frac{\varrho_i^2}{2}\ln\Big(-H_{ik}+\sqrt{\varrho_i^2+H_{ik}^2}\Big)-\frac{\Delta h}{2}\Big(\sqrt{\varrho_{i+1}^2+\Delta h^2}-\sqrt{\varrho_i^2+\Delta h^2}\Big)$$

$$-\frac{\varrho_{i+1}^2}{2}\ln\Big(\Delta h+\sqrt{\varrho_{i+1}^2+\Delta h^2}\Big)+\frac{\varrho_i^2}{2}\ln\Big(\Delta h+\sqrt{\varrho_i^2+\Delta h^2}\Big)$$

$$+\frac{H'_{ik}}{2}\Big(\sqrt{\varrho_{i+1}^2+H'^2_{ik}}-\sqrt{\varrho_i^2+H'^2_{ik}}\Big)-\frac{\varrho_{i+1}^2}{2}\ln\Big(-H'_{ik}+\sqrt{\varrho_{i+1}^2+H'^2_{ik}}\Big)$$

$$+\frac{\varrho_i^2}{2}\ln\Big(-H'_{ik}+\sqrt{\varrho_i^2+H'^2_{ik}}\Big)+\frac{\Delta h'}{2}\Big(\sqrt{\varrho_{i+1}^2+\Delta h'^2}-\sqrt{\varrho_i^2+\Delta h'^2}\Big)$$

$$+\frac{\varrho_{i+1}^2}{2}\ln\Big(\Delta h'+\sqrt{\varrho_{i+1}^2+\Delta h'^2}\Big)-\frac{\varrho_i^2}{2}\ln\Big(\Delta h'+\sqrt{\varrho_i^2+\Delta h'^2}\Big)\Big\}. \qquad (3.34)$$

Zur Berechnung der Differenz ΔT_2 brauchen wir also Werte der Funktion F

$$F = k\cdot\frac{y}{2}\Big(\sqrt{\varrho_{i+1}^2+y^2}-\sqrt{\varrho_i^2+y^2}\Big)+\frac{\varrho_{i+1}^2}{2}\ln\Big(y+\sqrt{\varrho_{i+1}^2+y^2}\Big)-\frac{\varrho_i^2}{2}\ln\Big(y+\sqrt{\varrho_i^2+y^2}\Big). \qquad (3.35)$$

mit $k = \frac{2\pi}{n}\cdot f$.

Wir setzen bei jedem Punkt für y einmal $-H_{ik}$ und einmal Δh ein und erhalten dann den gesuchten Wert $(\Delta T_2)_{C_{ik}}$. Nach Summierung erhalten wir ΔT_2 und mit (3.31) ΔT_{Pi}. Mit (3.17) und (3.10) erhalten wir schließlich die Werte von H'_i, die wir suchten.

Bestimmen wir nun für mehrere Punkte in der Umgebung solche Werte H'_i, so können wir eine Kugelfläche, die die Punkte P'_i enthält, bestimmen. Die Richtung zum Mittelpunkt dieser Kugel ist identisch mit der Richtung der Lotlinie im Punkt P. Wir machen den Aufpunkt P zum Ursprung eines Koordinatensystems x, y, z und bekommen als allgemeine Gleichung der Kugelfläche

$$(x-a)^2+(y-b)^2+(z-c)^2=r^2. \qquad (3.36)$$

Diese Gleichung hat 4 Unbekannte, die Fläche läßt sich also aus 4 Punkten bestimmen. Wegen der Unsicherheiten, die den Entwicklungen anhaften, wird man zweckmäßigerweise mehr Punkte zur Berechnung verwenden und die Unbekannten a, b, c und r, also die Achsenabschnitte des Mittelpunktes und den Kugelradius, aus einer Ausgleichung ermitteln. Aus den gemessenen Koordinaten x und y können wir die Entfernung e_i errechnen (siehe Abb. 9).

Es ist

$$\operatorname{tg} A = \frac{y}{x} \qquad \text{und} \qquad e_i = \frac{x}{\cos A} = \frac{y}{\sin A}. \tag{3.37}$$

Wegen der schwachen Krümmung der Kugelfläche wirken die Koordinaten z besonders stark auf das Ergebnis ein, sie müssen deswegen genauer bekannt sein als die Koordinaten x und y. Wir setzen

$$z'^2 = (R + H_i')^2 - e_i^2\,, \qquad z' = (R + H_P) - z\,.$$

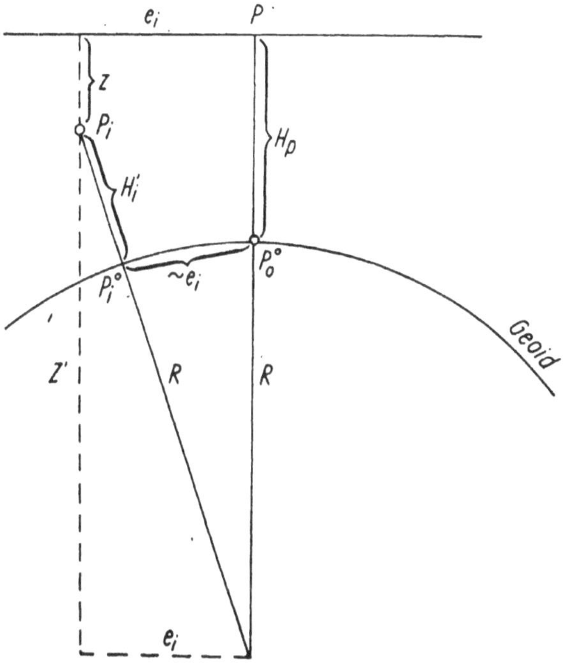

Abb. 9

Wir quadrieren die zweite Gleichung und setzen sie der ersten gleich

$$(R + H_i')^2 - e_i^2 = (R + H_P)^2 - 2\,z\,(R + H_P) + z^2\,.$$

Ausmultipliziert ergibt sich

$$z^2 - 2\,z\,(R + H_P) = H_i'^2 - H_P^2 + 2\,R\,(H_i' - H_P) - e_i^2\,. \tag{3.38}$$

Setzen wir nunmehr

$$H_P - H_i' = \Delta H_{Pi}\,, \qquad H_i' = H_P - \Delta H_{Pi}\,,$$

so erhalten wir

$$z^2 - 2\,z\,(R + H_P) = -\,2\,H_P \cdot \Delta H_{Pi} + \Delta H_{Pi}^2 - 2\,R \cdot \Delta H_{Pi} - e_i^2\,.$$

Die quadratische Gleichung aufgelöst, ergibt

$$z = (R + H_P) \pm \{(R + H_P)^2 - 2 \cdot \Delta H_{Pi}\,(R + H_P) + \Delta H_{Pi}^2 - e_i^2\}^{1/2}$$

oder

$$z = (R + H_P) \pm (R + H_P) \left\{1 - \frac{2\,\Delta H_{Pi}}{(R + H_P)} + \frac{\Delta H_{Pi}^2 - e_i^2}{(R + H_P)^2}\right\}^{1/2}.$$

Für die Klammer läßt sich eine Reihenentwicklung ansetzen, die mit genügender Genauigkeit nach dem ersten Glied abgebrochen werden kann:

$$z = (R + H_P) - (R + H_P) + \Delta H_{Pi} - \frac{\Delta H_{Pi}^2 - e_i^2}{2(R + H_P)} .$$

Nur das negative Vorzeichen der Klammer gibt hier einen sinnvollen Wert.

Der Wert $\frac{\Delta H_{Pi}^2}{2(R + H_P)}$ ist sehr klein und kann daher vernachlässigt werden. Es bleibt als endgültiger Wert

$$z = \Delta H_{Pi} + \frac{e_i^2}{2(R + H_P)} . \tag{3.39}$$

Haben wir nun für unsere Meßpunkte die Koordinaten x, y, z ermittelt, so lassen sich auch die Unbekannten a, b, c und r berechnen. Wir setzen die Koordinaten in die Gleichung (3.36) ein:

$$\begin{aligned} &P: a^2 + b^2 + c^2 = r^2 , \\ &P_1: (x_1 - a)^2 + (y_1 - b)^2 + (z_1 - c)^2 = r^2 , \\ &\vdots \\ &P_n: (x_n - a)^2 + (y_n - b)^2 + (z_n - c)^2 = r^2 . \end{aligned}$$

Die Unbekannte r läßt sich durch Einsetzen der ersten Gleichung in alle anderen schon voraus eliminieren. Wir erhalten dann ausmultipliziert

$$\left.\begin{aligned} &-2x_1 a - 2y_1 b - 2z_1 c + x_1^2 + y_1^2 + z_1^2 = 0 , \\ &\vdots \\ &-2x_n a - 2y_n b - 2z_n c + x_n^2 + y_n^2 + z_n^2 = 0 . \end{aligned}\right\} \tag{3.40}$$

Der Wert c wird gegenüber den Werten von a und b sehr groß sein, da die Lotkrümmung ein kleiner Wert ist. Es ist also besser, einen Näherungswert c' einzusetzen und den Zuschlag ζ zu bestimmen:

$$c = c' + \zeta . \tag{3.41}$$

Fassen wir schließlich noch zusammen

$$x_1^2 + y_1^2 + z_1^2 - 2z_1 c' = +2\lambda_1 \text{ usw.},$$

so erhalten wir die Verbesserungsgleichungen

$$\left.\begin{aligned} &x_1 a + y_1 b + z_1 \zeta - \lambda_1 = v_1 , \\ &\vdots \\ &x_n a + y_n b + z_n \zeta - \lambda_n = v_n \end{aligned}\right\} \tag{3.42}$$

und daraus die Normalgleichungen

$$\left.\begin{aligned} &[xx]\,a + [xy]\,b + [xz]\,\zeta - [x\lambda] = 0 , \\ &[xy]\,a + [yy]\,b + [yz]\,\zeta - [y\lambda] = 0 , \\ &[xz]\,a + [yz]\,b + [zz]\,\zeta - [z\lambda] = 0 . \end{aligned}\right\} \tag{3.43}$$

Die Reduktion ergibt die Unbekannten a, b und ζ, mit (3.41) erhalten wir c und schließlich die Komponenten der Lotkrümmung

$$\tau_x = \frac{a}{c} , \qquad \tau_y = \frac{b}{c} . \tag{3.44}$$

4 Beispielrechnung für den Punkt Brocken

4.1 Erstes Verfahren

4.11 Berechnung des Gliedes *A*

Zur Erprobung der bisher gebrachten theoretischen Erörterungen sollte für den Brocken, die höchste Erhebung des Harzes und damit ganz Norddeutschlands (Höhe 1142 m), die Lotkrümmung bestimmt werden.

Zu diesem Zweck wurden im Mai 1958 im Gebiet des Brockengipfels an 41 Punkten relative Schweremessungen mit einem Askania-Gravimeter GS 12 ausgeführt und die Schwerepunkte auch tachymetrisch nach Lage und Höhe bestimmt. Die großen Geländeschwierigkeiten brachten es mit sich, daß eine ideale Verteilung der Punkte nicht ganz erreicht werden konnte. Eine Skizze soll die Punktlage veranschaulichen (Abb. 10).

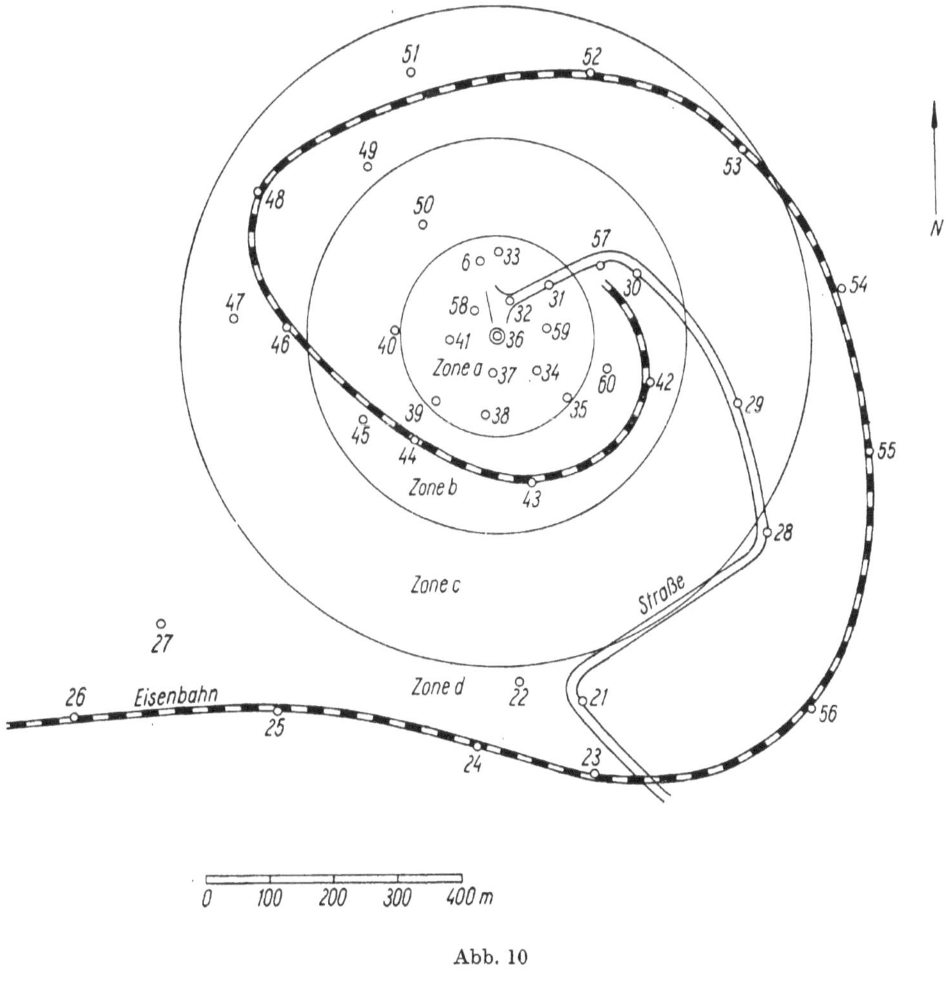

Abb. 10

Die Messungsergebnisse sind in der Tabelle 2 dargestellt.

Tabelle 2

Pkt. Nr.	Koordinatenunterschiede $y_i - y_{36}$	$x_i - x_{36}$	Höhenunterschied $H_i - H_{36}$	Schweredifferenz $\Delta g_i - \Delta g_{36}$
6	— 28,0	+118,9	— 5,01	+ 1,02
21	+128,9	—545,6	— 97,30	+23,45
22	+ 29,8	—520,2	— 99,97	+24,19
23	+146,3	—656,6	—116,44	+28,07
24	— 37,6	—614,9	—123,00	+29,49
25	—347,2	—558,7	—133,33	+32,09
26	—667,1	—571,3	—143,71	+34,53
27	—528,8	—428,5	—129,81	+31,07
28	+424,0	—293,8	— 53,65	+12,66
29	+365,8	— 97,8	— 36,09	+ 8,32
30	+216,6	+ 96,2	— 21,86	+ 4,84
31	+ 76,8	+ 83,4	— 8,18	+ 1,76
32	+ 18,0	+ 58,1	— 2,69	+ 0,56
33	— 1,2	+134,4	— 5,94	+ 1,12
34	+ 58,7	— 48,6	— 3,40	+ 0,88
35	+106,5	— 91,0	— 7,45	+ 1,88
36	± 0	± 0	± 0	± 0
37	— 10,0	— 51,5	— 2,04	+ 0,58
38	— 20,8	—116,9	— 9,45	+ 2,48
39	—103,0	— 94,6	— 13,87	+ 3,60
40	—165,7	+ 16,4	— 11,99	+ 3,18
41	— 77,9	— 3,3	— 3,74	+ 1,07
42	+237,0	— 68,8	— 15,75	+ 3,58
43	+ 53,2	—219,1	— 21,22	+ 5,14
44	—129,9	—153,4	— 28,46	+ 7,09
45	—214,4	—122,1	— 40,02	+10,01
46	—335,7	+ 18,4	— 37,15	+ 9,34
47	—417,1	+ 31,0	— 47,68	+11,89
48	—376,6	+226,5	— 44,84	+10,96
49	—206,4	+259,4	— 37,31	+ 8,86
50	—117,6	+171,0	— 14,38	+ 3,38
51	—137,3	+401,5	— 61,03	+14,21
52	+143,6	+400,5	— 63,91	+14,10
53	+386,5	+288,8	— 72,82	+15,94
54	+545,2	+ 77,5	— 85,39	+19,20
55	+590,3	—172,8	— 90,50	+20,76
56	+487,9	—559,0	—104,30	+24,95
57	+155,0	+109,7	— 15,85	+ 3,42
58	— 37,1	+ 42,8	— 0,83	+ 0,18
59	+ 77,5	+ 15,6	— 4,48	+ 0,98
60	+167,9	— 47,2	— 7,98	+ 1,78

Mit Hilfe des Ansatzes Formel (2.14) sind dann durch Ausgleichung die plausibelsten Werte von $g_x, g_y, g_z, \ldots, g_{yz}$ zu bestimmen.

Es sollten dabei auch Einblicke gewonnen werden über die günstigste Art der Anlage eines solchen Schwerenetzes. Dazu wurde zunächst das ganze Messungsgebiet in 4 Zonen zerlegt und die Messungen in jeder einzelnen Zone einer vorläufigen Auswertung unterworfen. Dabei wurde die Zoneneinteilung wie folgt vorgenommen:

Zone	Entfernung vom Zentralpunkt	Anzahl der Messungs-punkte	Maximaler Höhenunterschied
a	bis 150 m	13	13,87 m
b	150 m—300 m	9	40,02 m
c	300 m—500 m	8	72,82 m
d	über 500 m	11	143,71 m

Für jede einzelne Zone wurden dann durch eine Ausgleichung die plausibelsten Werte für g_x und g_y nach dem Ansatz

$$v_i = -\Delta g_i + g_x \cdot x + g_y \cdot y + g_z \cdot z \tag{4.1}$$

ermittelt. Daraus wurde dann der maximale Gradient nach Formel (2.16) mit seinem mittleren Fehler berechnet. Es ergaben sich im einzelnen:

Zone	Maximaler Schweregradient ± mittlerer Fehler
a	2,026 ± 0,099 mgal/km
b	1,673 ± 0,160 mgal/km
c	2,517 ± 0,342 mgal/km
d	2,197 ± 0,139 mgal/km

In den ersten drei Zonen steigt der mittlere Fehler des Schweregradienten erwartungsgemäß an. Das gute Ausgleichungsergebnis der Zone *d* kommt dadurch zustande, daß die Messungspunkte alle in einem bestimmten Gebiet liegen und nicht über den Horizont gleichmäßig verteilt sind. Dadurch wird der mittlere Fehler klein.

Zur endgültigen Gradientenberechnung werden die Messungswerte mit Gewichten versehen, die nach außen zu abnehmen. Rechnen wir streng mit den oben angegebenen mittleren Fehlern nach der Formel

$$p_i = \frac{c^2}{m_i^2} \tag{4.2}$$

und setzen wir $c^2 = 0{,}1$, so erhalten wir

$$\begin{aligned} p_a &= 10{,}2\,, \\ p_b &= 3{,}9\,, \\ p_c &= 0{,}9\,, \\ p_d &= 5{,}2\,. \end{aligned}$$

Das große Gewicht der letzten Zone wird durch den kleinen mittleren Fehler erhalten, der dort auftritt.

Wenn wir auch die anderen Gewichte etwas angleichen, erhalten wir das schließlich verwendete Gewichtssystem

$$\begin{aligned} p_a &= 10\,, \\ p_b &= 5\,, \\ p_c &= 2{,}5\,, \\ p_d &= 1\,. \end{aligned} \tag{4.3}$$

Unter Verwendung der Gewichte (4.3) berechnen wir nun mit dem Ansatz (2.19) die Werte der ersten und zweiten Schweregradienten. Die Ausgleichung ergibt:

$$\begin{aligned}
g_x &= +\ 1{,}449 \pm 0{,}150 \text{ mgal/km}\,,\\
g_y &= +\ 1{,}227 \pm 0{,}132 \text{ mgal/km}\,,\\
g_z &= +\ 0{,}2414 \qquad\quad \text{mgal/m}\,,\\
\frac{1}{2}\, g_{xx} &= +\ 0{,}0000007423 \text{ mgal/m}^2\,,\\
\frac{1}{2}\, g_{yy} &= +\ 0{,}0000002358 \text{ mgal/m}^2\,,\\
\frac{1}{2}\, g_{zz} &= +\ 0{,}0000561251 \text{ mgal/m}^2\,,\\
g_{xy} &= +\ 0{,}0000018241 \text{ mgal/m}^2\,,\\
g_{xz} &= -\ 0{,}0000007238 \text{ mgal/m}^2\,,\\
g_{yz} &= -\ 0{,}0000030175 \text{ mgal/m}^2\,.
\end{aligned}$$

Wir erhalten dann mit (2.15) den Schweregradienten in beliebiger Richtung ψ zu

$$\frac{dg}{ds} = +\ 1{,}449 \cos\psi + 1{,}227 \sin\psi \text{ mgal/km}\,.$$

Mit Hilfe der aus der Ausgleichung erhaltenen Werte für g_x und g_y mit ihren mittleren Fehlern

$$g_x = \frac{dg}{dx} = +\ 1{,}449 \pm 0{,}150 \text{ mgal/km}\,,$$

$$g_y = \frac{dg}{dy} = +\ 1{,}227 \pm 0{,}132 \text{ mgal/km}$$

können wir nun nach Formel (2.11) das erste Glied A für die Lotkrümmung berechnen.

Wir bestimmen das A in zwei Komponenten, in der x-Richtung und in der y-Richtung, und erhalten

$$A_x = -\frac{H}{g}\frac{dg}{dx}\varrho''\,, \qquad A_y = -\frac{H}{g}\frac{dg}{dy}\varrho''\,.$$

Setzen wir für $H = 1{,}1409$ km, für $g = 981015$ mgal (siehe [7]) und für $\varrho'' = 206265''$, so bekommen wir, einschließlich der mittleren Fehler, die nach (2.12) berechnet werden,

$$\begin{aligned}
A_x \pm m_{A_x} &= -\ 0'',3476 \pm 0'',0360\,,\\
A_y \pm m_{A_y} &= -\ 0'',2943 \pm 0'',0317\,.
\end{aligned}$$

Es erscheint hier notwendig, etwas über die praktische Durchführung der zur Gradientenbestimmung dienenden Schweremessung zu sagen.

Der aus der Beziehung (2.13) für den Meßpunkt Brocken zulässige Fehler der Gradientenbestimmung ist mit $\pm$ 0,14 mgal/km recht klein, und es ist deswegen notwendig, ein genau und sicher arbeitendes Gravimeter für die Messungen einzusetzen. Das Askania-Gravimeter GS 11/12 eignet sich gut dafür. Vor der Messung muß eine vorläufige Auswahl der Punkte anhand von großmaßstäblichen Karten des Messungsgebietes stattfinden. Auf einer Anomalienkarte (möglichst BOUGUER-Anomalien im Maßstab 1:200000) läßt sich erkennen, ob in der Umgebung des Messungsgebietes mit größeren Schwerestörungen zu rechnen ist. Zeigen die Schwereanomalien einen einigermaßen glatten Verlauf, wie beim Brocken, so werden etwa 30 Messungspunkte auf einer Kreisfläche von etwa 400 m Radius um den Aufpunkt genügen. Lassen die Anomalienkarten örtliche Schwerestörungen erkennen, so wird man mehr

Punkte (etwa 40 bis 50) verwenden müssen. Die Messungspunkte sollen möglichst symmetrisch zum Aufpunkt liegen, wobei der innerste Punktring etwa 50 m Abstand vom Aufpunkt haben soll. Es ist auch darauf zu achten, daß bei schwierigem Gelände die Punkte möglichst auf oder in der Nähe von Wegen, Straßen, Eisenbahnen und ähnlichen möglichst leicht begehbaren Anlagen liegen sollen. Die auf der Karte festgelegten Punkte sind dann in die Örtlichkeit zu übertragen. Hier ist es besonders wichtig, auf feste Unterlagen für das Gravimeterstativ zu achten. Am besten erweisen sich ebene Stellen im gewachsenen Fels, auf denen das Gravimeter sehr ruhig und fest steht, besonders dann, wenn sie gegen den Wind geschützt sind. Weicher Waldboden, eventuell sogar noch mit Moosen bewachsen, ist zur Aufstellung des Gravimeters nicht geeignet, auch die Wurzeln großer Bäume dürften nicht günstig sein.

Die Messungspunkte sollen auch auf gewachsenen Boden und nicht auf angeschüttete Halden gelegt werden und sich überdies im gleichmäßigen Geländeabfall befinden. Es ist schon daraus verständlich, daß bei der Übertragung der Kartenpunkte in die Örtlichkeit noch manche Änderung notwendig ist und nicht alle Forderungen erfüllt werden können.

Auf Abb. 11 ist die ideale Punktlage, die anzustreben ist, dargestellt. Wie sie sich auf Grund der örtlichen Gegegebenheiten ändern kann, zeigt ein Vergleich mit Abb. 10, die unsere Messungspunkte am Brockengipfel zeigt.

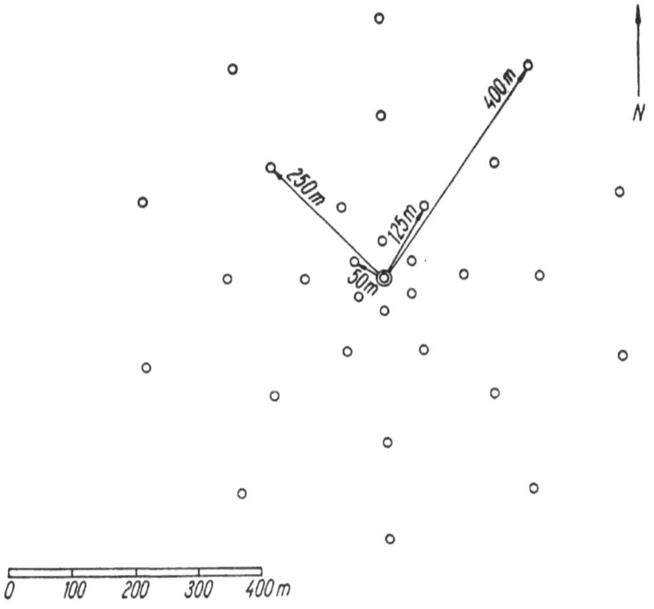

Abb. 11

Die Punkte werden mit Pfählen vermarkt oder mit weißer Ölfarbe auf den Felsen kenntlich gemacht. Besonderes Augenmerk ist zu richten auf den Gravimeter-Anschlußpunkt, auf den das ganze Schwerenetz bezogen wird. Der Anschlußpunkt soll an einer mit dem Meßkraftwagen befahrbaren Straße liegen.

Bei der Messung wird zunächst der Anschlußpunkt zu bestimmen sein. Er wird von zwei oder mehr Punkten des Schweregrundnetzes abgeleitet. Die Messungen sind wegen der i. a. beträchtlichen Entfernungen im Kraftwagen auszuführen, wobei außer dem Beobachter nur ein Kraftfahrer notwendig ist.

Die Messungen auf den ,,Feldpunkten" sind im allgemeinen nicht vom Kraftwagen aus möglich. Das Gravimeter muß samt Stativ und Batterien von einem Punkt zum anderen getragen werden. Dazu sind notwendig 2 Träger für das Gravimeter (ca. 26 kg), ein Träger für den Batteriekasten und ein Träger für die übrige Ausrüstung (Stativ, Schutzschirm). Die Messungen selbst werden am besten schleifenweise durchgeführt, und zwar so, daß auf jedem Punkt mindestens dreimal aufgesetzt wird. Bei dieser Messungsart werden die notwendigen Wege am kürzesten, und das ist sehr wichtig für Messungen unter schweren Bedingungen. Jede Schleife ist vor und nach jedem Durchgang an einem bekannten Punkt anzuschließen. Auch die Uhrzeit ist zur Eliminierung des Gravimeterganges zu notieren. Die Messungen erfordern einen geübten Beobachter. Die Messungslinien sind nicht zu lang zu machen, das Maximum dürften etwa 10 Punkte sein; eine dreimalige Messung solch einer Linie läßt sich in 8 Stunden noch bewältigen. Wenn möglich, sind die Messungen bei ruhiger Wetterlage auszuführen, starker Wind und Regen können die Messung unbrauchbar machen oder zum Abbruch der Messung führen, was nicht selten zur Folge hat, daß die gesamte Schleife wiederholt werden muß.

Zusammenfassend läßt sich sagen, daß Schweremessungen im Gelände außerhalb des Meßfahrzeugs schwierig sind und von den Trägern große Einsatzbereitschaft fordern, vom Beobachter aber ein Höchstmaß von Konzentration.

4.12 Berechnung des Gliedes B

Zur Auswertung des Gliedes B benötigen wir Angaben über die Topographie in der Umgebung des Meßpunktes. Wir haben bereits früher festgestellt, daß wir einen Umkreis um den Punkt berücksichtigen müssen, der etwa dem 8fachen des maximalen Wertes des Höhenunterschiedes bzw. der durchschnittlichen Höhe des Kompartimentes entspricht.

Wenden wir diesen Satz auf den Brocken an.

In der Entfernung von 6 km beträgt $\Delta H_{\max} = 644$ m, $H_{ik_{\max}} = 803$ m. Das ergibt $8 \cdot 0{,}80 = 6{,}4$ km als ϱ_i. Der Bereich 5—7 km muß also noch mitgenommen werden.
In der Entfernung 8,5 km beträgt $\Delta H_{\max} = 798$ m, $H_{ik_{\max}} = 805$ m. Das ergibt $8 \cdot 0{,}80 = 6{,}4$ km als ϱ_i. Der Bereich 7—10 km braucht also nicht mehr mitgenommen zu werden.

Es werden nun auf Karten 1:25000 Kreise mit den Radien entsprechend Tabelle 1 gezogen, und diese Kreisringe dann in je 12 Teile geteilt durch Geraden, die gegeneinander um 30° geneigt sind (siehe Abb. 12).

Es wäre hier besser gewesen, die Geraden so zu legen, daß die Mittellinie des Sektors I auf die Nullrichtung zu liegen kommt. Bei der Rechnung hätte sich dann bei der x-Komponente für die Sektoren IV und X und bei der y-Komponente für die Sektoren I und VII $A(\vartheta) = 0$ ergeben.

Es wird dann für jedes Kompartiment die durchschnittliche Höhe H_{ik} auf der Karte ermittelt. Diese Werte werden natürlich um so ungenauer, je größer das Gebiet wird, für welches H_{ik} repräsentativ sein soll. Die mittlere Höhe wird am besten aus Höhenprofilen ermittelt.

Man kann dann etwa damit rechnen, folgende Abweichungen bei H_{ik} zu bekommen:

Bereich a: $\pm$ 2 m	Bereich g: $\pm$ 15 m
Bereich b: $\pm$ 2 m	Bereich h: $\pm$ 18 m
Bereich c: $\pm$ 3 m	Bereich i: $\pm$ 20 m
Bereich d: $\pm$ 5 m	Bereich k: $\pm$ 25 m
Bereich e: $\pm$ 8 m	Bereich l: $\pm$ 30 m .
Bereich f: $\pm$ 12 m	

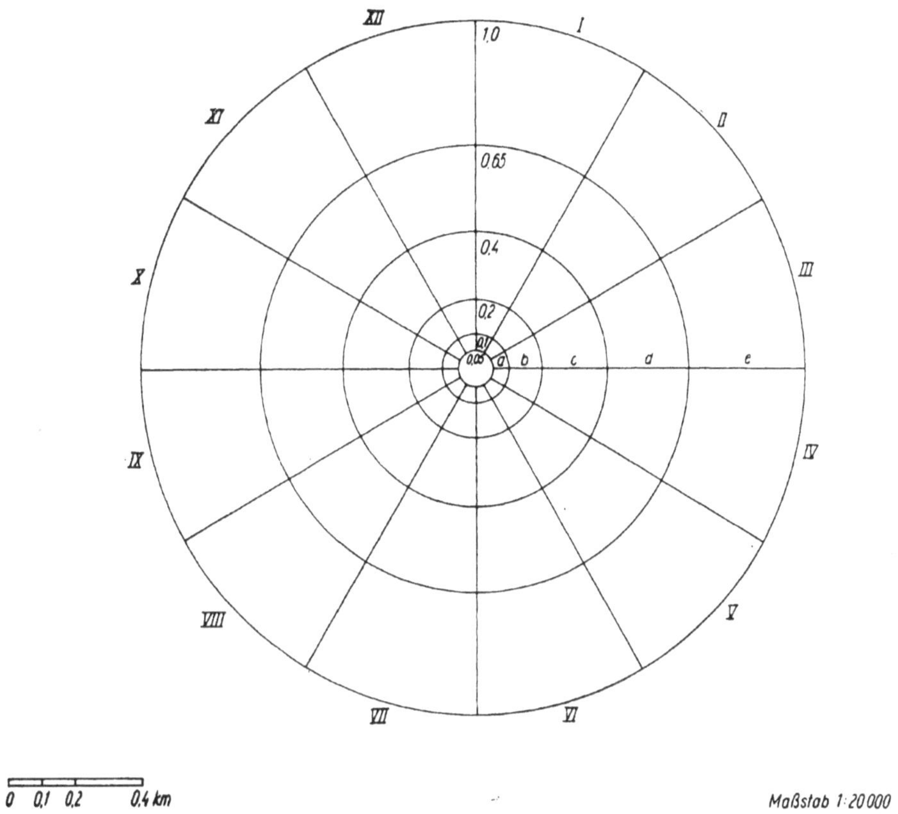
XII
I
1,0
XI
II
0,65
X
0,4
III
0,2
0,1
0,05
a
b
c
d
e
IX
IV
VIII
V
VII
VI
0 0,1 0,2 0,4 km
Maßstab 1:20000

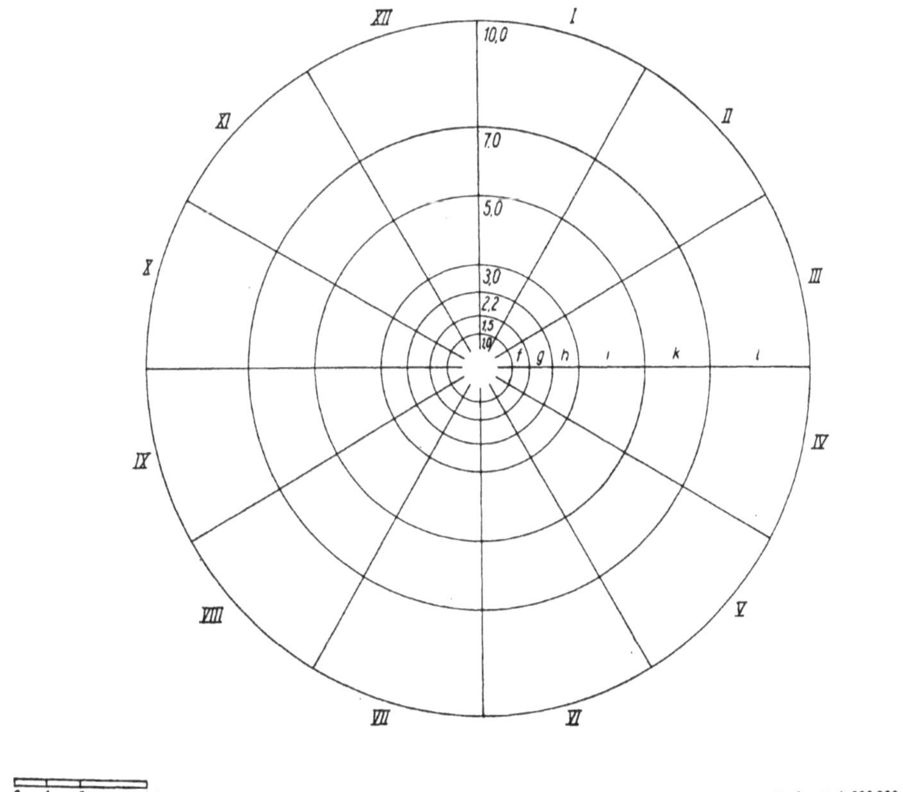
XII
I
10,0
XI
II
7,0
5,0
X
III
3,0
2,2
1,5
1,0
f
g
h
i
k
l
IX
IV
VIII
V
VII
VI
0 1 2 4 km
Maßstab 1:200000

Abb. 12

Das entspricht beim Beispiel Brocken etwa maximalen Fehlern in B von

Bereich a: $\pm$ 0″,021	Bereich g: $\pm$ 0″,014
Bereich b: $\pm$ 0″,018	Bereich h: $\pm$ 0″,007
Bereich c: $\pm$ 0″,026	Bereich i: $\pm$ 0″,006
Bereich d: $\pm$ 0″,022	Bereich k: $\pm$ 0″,002
Bereich e: $\pm$ 0″,021	Bereich l: $\pm$ 0″,001 .
Bereich f: $\pm$ 0″,020	

Diese Fehler sind noch vertretbar und zulässig. Es ergibt sich aber daraus, daß wir der Bestimmung der mittleren Kompartimentshöhen große Aufmerksamkeit schenken müssen. Bei sehr unruhigem Geländeverlauf könnte durch kleinere Kompartimente die Genauigkeit gesteigert werden. Mit den aus der Karte ermittelten Werten für die durchschnittlichen Höhen der Kompartimente wird nach Formel (2.51) das zweite Glied B für die Lotkrümmung berechnet. Dazu verwenden wir am besten die Tabellen auf den Seiten 61 bis 68.

Für das ganze Messungsgebiet wurde eine gleichmäßige Dichte von 2,6 aus dem Werk von GALLE [7] entnommen. Untersuchungen über die Bestimmung der Dichte aus den Gravimetermessungen führten zu keinen Ergebnissen, die eine Änderung dieses Wertes, der aus Gesteinsproben ermittelt worden ist, gerechtfertigt hätten.

In Veröffentlichungen von JUNG [12] und LEDERSTEGER [18] werden Methoden zur Dichtebestimmung gebracht, die auf der Grundlage des NETTLETON-Verfahrens beruhen.

NETTLETON [19] schlägt vor, Profile der BOUGUER-Anomalien mit verschiedenen Dichtewerten zu zeichnen und dem topographischen Profil gegenüberzustellen. Das Bouguerprofil, welches die geringste Beziehung zum topographischen Profil aufweist, wird als mit der richtigen Dichte berechnet angesehen. Nun ist zwar die Höhenabhängigkeit der BOUGUER-Anomalien weit geringer als die der Freiluftanomalien, aber ganz kann sie nicht außer acht gelassen werden. Bei diesen Verfahren werden eventuell vorhandene Schwereanomalien durch Veränderung der Dichte des Gesteins hinweggerechnet, bzw. zu einem Minimum gemacht [8]. M. E. hat man für solches Vorgehen nicht genügend Berechtigung. RISCHE [20] ermittelt die Dichten durch Schweremessungen in Schächten unter Tage. Das kommt für unser Beispiel Brocken auch nicht in Frage. Auch VECCHIA [25] und SCHLEUSENER [21] halten die Dichten, die auf Grund einer ausführlichen Interpretation des Untergrundes und aus Gesteinsproben ermittelt wurden, für zuverlässiger als die aus NETTLETON-Profilen ermittelten Dichten. VECCHIA gibt eine minimale Ungenauigkeit in der Ermittlung der Dichte von 0,1 als Grenze an. Dieser Wert stellt einen relativen Fehler von etwa 4% dar. Weil die Dichte Θ linear in den Wert B eingeht, ist dieser schon dadurch mit einem relativen Fehler von 4% behaftet. So besteht keine Veranlassung, von dem alten Wert $\Theta = 2{,}6$ abzugehen, und dieser Wert wird dann auch im gesamten Messungsgebiet des Brockens angewendet.

Die Berechnung der Anteile der verschiedenen Bereiche a bis l an dem Wert B finden wir auf den Seiten 69 bis 74. Die Zusammenstellung Seite 74 ergibt für die x- und die y-Richtung

$$b_x = -26{,}752 \text{ g m cm}^{-3}, \qquad b_y = -198{,}957 \text{ g m cm}^{-3}.$$

Die eigentlichen Komponenten B_x und B_y erhalten wir durch

$$B_x = \frac{f}{g} \varrho'' b_x, \qquad B_y = \frac{f}{g} \varrho'' b_y.$$

Setzen wir für f den Wert $f = 6{,}685 \cdot 10^{-8}\,\mathrm{cm}^3 \cdot \mathrm{g}^{-1} \cdot \sec^{-2}$ und für g einen mittleren Wert $g = 981\,\mathrm{cm} \cdot \sec^{-2}$ an, so wird der Faktor

$$f\,\frac{\varrho''}{g} = 0'',001406\,\mathrm{cm}^3 \cdot \mathrm{g}^{-1} \cdot \mathrm{m}^{-1}\,.$$

Damit werden dann folgende Werte erhalten

$$B_x = -\,0'',0376\,, \qquad B_y = -\,0'',2797\,.$$

4.13 Berechnung des Gliedes C

Zur Berechnung des Gliedes C der Formel (2.10) gehen wir zurück auf Formel (2.72) und haben hier die Änderung der mittleren Krümmung der Niveauflächen zu bestimmen. Der aus Lotabweichungen bestimmte Wert soll als Mittelwert $\left(\overline{\frac{\partial K}{\partial x}}\right)$ bzw. $\left(\overline{\frac{\partial K}{\partial y}}\right)$ angesehen werden. Nach den Formeln (2.69) haben wir

$$\frac{\partial K}{\partial x} = -\frac{1}{2}\left(\frac{\partial^2 \xi}{\partial x^2} + \frac{\partial^2 \eta}{\partial x\,\partial y}\right), \qquad \frac{\partial K}{\partial y} = -\frac{1}{2}\left(\frac{\partial^2 \xi}{\partial x\,\partial y} + \frac{\partial^2 \eta}{\partial y^2}\right).$$

Wir brauchen also zunächst Angaben über die Lotabweichungen im Harzgebiet und finden dazu Karten der Lotabweichungskomponenten bei Galle [7] und bei Wolf [23, 24].

Wir stellen für die Lotabweichungskomponenten ξ und η folgende Potenzreihen auf:

$$\xi = a_0 + a_1\,x + a_2\,y + a_3\,x^2 + a_4\,x\,y + a_5\,y^2\,,$$
$$\eta = b_0 + b_1\,x + b_2\,y + b_3\,x^2 + b_4\,x\,y + b_5\,y^2\,.$$

Die Zahlenwerte werden für 25 Punkte eines Gitternetzes (Abb. 13) Karten entnommen. Bei der Komponente ξ wurden die Karteu von Galle [7] benutzt und die Maschengröße

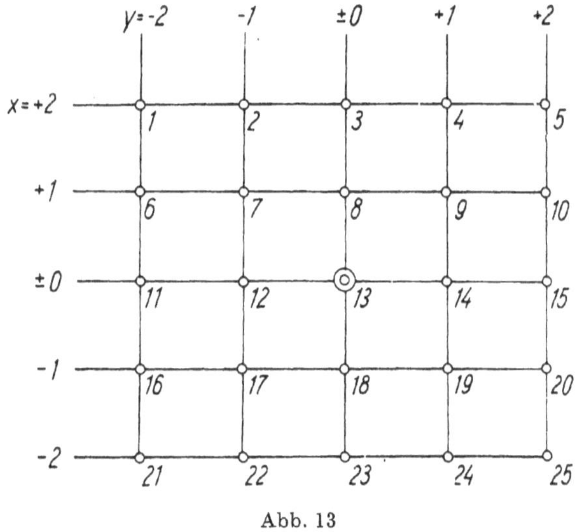

Abb. 13

$\partial x = \partial y = 1\,\mathrm{km}$ gesetzt. Die Werte für η wurden nicht der Arbeit von Galle entnommen, sondern Veröffentlichungen von Wolf [23, 24], weil sie dort durch zusätzlich gemessene Werte ergänzt worden sind. Die Maschengröße beträgt hier $\partial x = 1{,}854\,\mathrm{km}$ und $\partial y = 2{,}288\,\mathrm{km}$. Die Koeffizienten a und b werden durch Ausgleichungen ermittelt.

Es ergeben sich folgende Koeffizienten für die Verbesserungsgleichungen:

Tabelle 3

Pkt. Nr.	x	y	x^2	xy	y^2	ξ	η
						+	+
1	+2	—2	+4	—4	+4	14,7	3,1
2	+2	—1	+4	—2	+1	15,1	3,1
3	+2	±0	+4	±0	±0	15,4	3,2
4	+2	+1	+4	+2	+1	15,5	3,5
5	+2	+2	+4	+4	+4	15,6	4,0
6	+1	—2	+1	—2	+4	13,8	2,7
7	+1	—1	+1	—1	+1	14,0	3,0
8	+1	±0	+1	±0	±0	14,2	3,2
9	+1	+1	+1	+1	+1	14,4	3,5
10	+1	+2	+1	+2	+4	14,6	4,1
11	±0	—2	±0	±0	+4	13,2	2,2
12	±0	—1	±0	±0	+1	13,3	2,8
13	±0	±0	±0	±0	±0	13,3	3,3
14	±0	+1	±0	±0	+1	13,4	3,5
15	±0	+2	±0	±0	+4	13,5	4,1
16	—1	—2	+1	+2	+4	11,8	1,9
17	—1	—1	+1	+1	+1	11,9	2,2
18	—1	±0	+1	±0	±0	12,1	2,8
19	—1	+1	+1	—1	+1	12,3	3,3
20	—1	+2	+1	—2	+4	12,4	4,0
21	—2	—2	+4	+4	+4	10,0	1,6
22	—2	—1	+4	+2	+1	10,5	2,0
23	—2	±0	+4	±0	±0	10,8	2,6
24	—2	+1	+4	—2	+1	10,9	3,2
25	—2	+2	+4	—4	+4	11,0	4,0

Die Auflösung der Normalgleichungen ergibt für die 6 Unbekannten, die Koeffizienten a_0 bis a_5 und b_0 bis b_5:

$$\left.\begin{matrix}a_0\\ b_0\end{matrix}\right\} = +\,0{,}1544\left\{\begin{matrix}{[\xi]}\\ {[\eta]}\end{matrix}\right. - 0{,}0286\left\{\begin{matrix}{[x^2\,\xi]}\\ {[x^2\,\eta]}\end{matrix}\right. - 0{,}0286\left\{\begin{matrix}{[y^2\,\xi]}\\ {[y^2\,\eta]}\end{matrix}\right.,$$

$$\left.\begin{matrix}a_1\\ b_1\end{matrix}\right\} = +\,0{,}0200\left\{\begin{matrix}{[x\,\xi]}\\ {[x\,\eta]}\end{matrix}\right.,$$

$$\left.\begin{matrix}a_2\\ b_2\end{matrix}\right\} = +\,0{,}0200\left\{\begin{matrix}{[y\,\xi]}\\ {[y\,\eta]}\end{matrix}\right.,$$

$$\left.\begin{matrix}a_3\\ b_3\end{matrix}\right\} = -\,0{,}0286\left\{\begin{matrix}{[\xi]}\\ {[\eta]}\end{matrix}\right. + 0{,}0143\left\{\begin{matrix}{[x^2\,\xi]}\\ {[x^2\,\eta]}\end{matrix}\right.,$$

$$\left.\begin{matrix}a_4\\ b_4\end{matrix}\right\} = +\,0{,}0100\left\{\begin{matrix}{[x\,y\,\xi]}\\ {[x\,y\,\eta]}\end{matrix}\right.,$$

$$\left.\begin{matrix}a_5\\ b_5\end{matrix}\right\} = -\,0{,}0286\left\{\begin{matrix}{[\xi]}\\ {[\eta]}\end{matrix}\right. + 0{,}0143\left\{\begin{matrix}{[y^2\,\xi]}\\ {[y^2\,\eta]}\end{matrix}\right..$$

Mit den Werten

$$[\xi] = +\,327{,}7\,,\qquad [y\,\xi] = +\quad 8{,}9\,,\qquad [x\,y\,\xi] = 0\,,$$

$$[x\,\xi] = +\quad 56{,}7\,,\qquad [x^2\,\xi] = +\,649{,}5\,,\qquad [y^2\,\xi] = +\,653{,}7$$

erhalten wir die Koeffizienten a und damit die Funktion für ξ:

$$\xi = + 13{,}33 + 1{,}134\, x + 0{,}178\, y - 0{,}087\, x^2 \pm 0\, x\, y - 0{,}024\, y^2 .$$

Daraus ergibt sich durch Differenzieren

$$\frac{\partial \xi}{\partial x} = + 1{,}134 - 0{,}174\, x ,$$

$$\frac{\partial^2 \xi}{\partial x^2} = - 0'',174 \text{ km}^{-2} , \qquad \frac{\partial^2 \xi}{\partial x\, \partial y} = 0 .$$

Mit den Werten

$$[\eta] = + 76{,}9 , \quad [y\, \eta] = + 21{,}3 , \quad [x\, y\, \eta] = - 9{,}6 ,$$
$$[x\, \eta] = + 9{,}3 , \quad [x^2\, \eta] = + 151{,}9 , \quad [y^2\, \eta] = + 156{,}9$$

errechnen wir die Koeffizienten b. Wir erhalten

$$b_0 = + 3{,}042 , \quad b_2 = + 0{,}426 , \quad b_4 = - 0{,}096 ,$$
$$b_1 = + 0{,}186 , \quad b_3 = - 0{,}027 , \quad b_5 = + 0{,}044 .$$

Daraus läßt sich die Funktion für η bilden:

$$\eta = + 3{,}042 + 0{,}186\, x + 0{,}426\, y - 0{,}027\, x^2 - 0{,}096\, x\, y + 0{,}044\, y^2 .$$

Durch Differenzieren ergibt sich

$$\frac{\partial \eta}{\partial y} = + 0{,}426 - 0{,}096\, x + 0{,}088\, y ,$$

$$\frac{\partial^2 \eta}{\partial x\, \partial y} = - 0{,}096 , \qquad \frac{\partial^2 \eta}{\partial y^2} = + 0{,}088$$

oder umgerechnet

$$\frac{\partial^2 \eta}{\partial x\, \partial y} = - \frac{0{,}096}{1{,}854 \cdot 2{,}288} = - 0'',0226 \text{ km}^{-2} ,$$

$$\frac{\partial^2 \eta}{\partial y^2} = + \frac{0{,}088}{2{,}288^2} = + 0'',0168 \text{ km}^{-2} .$$

Damit läßt sich nun weiterrechnen

$$\frac{\partial K}{\partial x} = - \frac{1}{2} \left(\frac{\partial^2 \xi}{\partial x^2} + \frac{\partial^2 \eta}{\partial x\, \partial y} \right) = - \frac{1}{2} (- 0{,}174 - 0{,}023) = + 0'',0985 \text{ km}^{-2} ,$$

$$\frac{\partial K}{\partial y} = - \frac{1}{2} \left(\frac{\partial^2 \xi}{\partial x\, \partial y} + \frac{\partial^2 \eta}{\partial y^2} \right) = - \frac{1}{2} (0 + 0{,}0168) = - 0'',0084 \text{ km}^{-2} .$$

Daraus erhalten wir dann nach Formel (2.72) mit $H_P = 1{,}141$ km

$$C_x = - H_P^2 \left(\frac{\partial K}{\partial x} \right) = - 1{,}302 \cdot 0{,}0985 = - 0'',1282 ,$$

$$C_y = - H_P^2 \left(\frac{\partial K}{\partial y} \right) = + 1{,}302 \cdot 0{,}0084 = + 0'',0109 .$$

Durch Addition der drei Werte A, B und C erhalten wir die beiden Komponenten der Lotkrümmung:

$$\tau_x = A_x + B_x + C_x , \qquad \tau_y = A_y + B_y + C_y ,$$

und die errechneten Werte eingesetzt

$$\tau_x = - 0'',3476 - 0'',0376 - 0'',1282 = - 0'',5134 ,$$
$$\tau_y = - 0'',2943 - 0'',2797 + 0'',0109 = - 0'',5631 .$$

4.14 Fehlerbetrachtungen und Fehlerberechnungen für alle 3 Glieder

Zunächst bekamen wir schon die mittleren Fehler der Glieder A

$$m_{A_x} = \pm\, 0'',0360\,, \qquad m_{A_y} = \pm\, 0'',0317\,.$$

Für die Glieder B haben wir bereits Fehler angegeben (s. S. 38), die durch die fehlerhafte Entnahme der Werte H_{ik} aus dem Meßtischblatt beruhen. Wir werden für diese Fehler das Fehlerfortpflanzungsgesetz anwenden und damit den Gesamtfehler von B abschätzen können.

Es ergibt sich

$$10^6 \cdot m_B^2 = 441 + 324 + 676 + 484 + 441 + 400 + 196 + 49 + 36 + 4 + 1 = 3052\,.$$

Daraus der Fehler für beide Komponenten gleich groß

$$m_{B_x} = m_{B_y} = \pm\, 0'',0552\,.$$

Für das Glied C werden wir ebenfalls nur rohe Abschätzungen bringen können.

Die Breitenbestimmungen auf den Punkten um den Harz sind durchschnittlich mit einem mittleren Fehler von $\pm$ o'',17 gemacht worden [6]. Rechnen wir damit, daß die geodätischen Breiten aus dem trigonometrischen Netz als demgegenüber fehlerfrei angesehen werden können, so wird sich dieser Fehler von $\pm$ 0'',17 auch auf die Lotabweichungen in Breite beziehen. Der mittlere Abstand der Breitenpunkte voneinander beträgt in der Gegend des Brockens etwa 2,9 km. In erster Näherung können wir für den Gradienten der Lotabweichung in Breite $\frac{\partial \xi}{\partial x}$ den Differenzenquotienten setzen und darauf die Fehlerbetrachtungen stützen:

$$\frac{\partial \xi}{\partial x} \cong \frac{\xi_2 - \xi_1}{x_2 - x_1}\,,$$

wobei $x_2 - x_1 = 2{,}9$ km gesetzt wird und die ξ als mit einem Fehler von $\pm$ 0'',17 behaftet angesehen werden können. Dann ist der Fehler des Gradienten

$$m_{\xi_x} = \frac{\sqrt{2 \cdot m_\xi^2}}{2{,}9} = \pm\, \frac{0{,}2404}{2{,}9} = \pm\, 0'',0829 \text{ km}^{-1}\,.$$

Setzen wir nun weiter näherungsweise

$$\frac{\partial^2 \xi}{\partial x^2} = \frac{\left(\frac{\partial \xi}{\partial x}\right)_2 - \left(\frac{\partial \xi}{\partial x}\right)_1}{(x_2 - x_1)}\,,$$

so können wir durch ähnliche Fehlerbetrachtungen auch zu dem Fehlerbetrag des zweiten Gradienten kommen:

$$m_{\xi_{xx}} = \frac{\sqrt{2 \cdot m_{\xi_x}^2}}{2{,}9} = \pm\, \frac{0{,}1172}{2{,}9} = \pm\, 0'',0404 \text{ km}^{-2}\,.$$

Der gleiche Fehler ergibt sich auch für $\frac{\partial^2 \xi}{\partial x\, \partial y}$, also

$$m_{\xi_{xy}} = \pm\, 0'',0404 \text{ km}^{-2}\,.$$

In der Annahme, daß auch die hauptsächlich aus Azimutmessungen abgeleiteten Werte für die Längenkomponente der Lotabweichungen η genügend dicht liegen, um deren Verlauf zu bestimmen, könnten wir einen ähnlichen Ansatz machen wie bei der ξ-Komponente. Das ist aber hier nicht möglich, weil nicht genügend Werte gemessen sind, um den Verlauf der Linien gleicher Lotabweichungen η sicher zu erhalten. Aus diesem Grunde lassen sich keine plausiblen Fehlerabschätzungen machen. Deswegen nehmen wir für die Fehler die gleichen Werte an wie für die Lotabweichungskomponenten ξ und ihre Gradienten, setzen also

$$m_{\eta_{xy}} = m_{\eta_{yy}} = \pm\, 0'',04 \text{ km}^{-2} .$$

Wir gehen jetzt weiter und bestimmen den Fehler für die Änderung der mittleren Krümmung:

$$\left(\frac{\partial K}{\partial x}\right) = -\frac{1}{2}\left(\frac{\partial^2 \xi}{\partial x^2} + \frac{\partial^2 \eta}{\partial x\, \partial y}\right),$$

$$\left(\frac{\partial K}{\partial y}\right) = -\frac{1}{2}\left(\frac{\partial^2 \xi}{\partial x\, \partial y} + \frac{\partial^2 \eta}{\partial y^2}\right).$$

Die beiden Fehler werden unter den gemachten Voraussetzungen gleich sein, und zwar

$$m_{K_x} = m_{K_y} = \pm \sqrt{\frac{1}{4}\, m^2_{\xi_{xx}} + \frac{1}{4}\, m^2_{\eta_{xy}}} = \pm \sqrt{\frac{1}{2}\, 0{,}0404^2} = \pm\, 0'',0286 \text{ km}^2 .$$

Durch Differentiation (Formeln 2.72) erhalten wir für den mittleren Fehler von C_x und C_y

$$m_{C_x} = \pm\, H_P^2 \cdot m_{K_x} , \qquad m_{C_y} = \pm\, H_P^2 \cdot m_{K_y} ,$$

und mit $H_P^2 = 1{,}3$ ergeben sich die Zahlenwerte

$$m_{C_x} = m_{C_y} = \pm\, 0'',0372 .$$

Die Fehler der drei Glieder lassen sich mit dem Fehlerfortpflanzungsgesetz verbinden. Wir erhalten

$$m_{\tau_x} = \pm \sqrt{0{,}0360^2 + 0{,}0552^2 + 0{,}0372^2} = \pm\, 0'',0757 ,$$

$$m_{\tau_y} = \pm \sqrt{0{,}0317^2 + 0{,}0552^2 + 0{,}0372^2} = \pm\, 0'',0737 .$$

Noch einmal seien die Ergebnisse und ihre mittleren Fehler hier angeführt:

$$\tau_x = -\, 0'',513 \pm 0'',076 , \qquad \tau_y = -\, 0'',563 \pm 0'',074 .$$

4.2 Zweites Verfahren

Auch nach dem im Kapitel 3 beschriebenen Verfahren soll nun die Lotkrümmung für den Brocken bestimmt werden. Dabei ist die Lage der Niveaufläche zu bestimmen, die durch den Aufpunkt geht, und zwar als Kugelfläche. Das ist zwar eine Annäherung, die man aber immer machen kann, besonders dann, wenn wir es wie beim Brockengipfel mit einem Bergkegel zu tun haben, dessen Geländeabfall nach allen Seiten etwa gleich ist. Ändert sich die Geländeneigung aber wesentlich, so wird auch die Niveaufläche sich ändern, und die Annäherung an eine Kugelfläche ist dann an dieser Stelle nicht mehr gut. Besonders im Südwesten unseres Messungsgebietes (Abb. 14) werden die Messungspunkte beeinflußt von der nach dem Steilabfall des Brockens sich anschließenden wenig geneigten Fläche und dem daran anschließenden Königs-Berg (1035 m). Es werden daher die Punkte 25, 26 und 27 bei der Rechnung nicht verwertet. Außerdem werden auch die Punkte 21, 22, 23 und 24 weggelassen. Es muß vermutet werden, daß hier bei der Messung Fehler aufgetreten sind, die sich erst bei der Berechnung herausstellten. Das Weglassen dieser Punkte läßt sich auch dadurch rechtfertigen, daß diese Punkte sämtlich weit ab vom Meßzentrum liegen. In Abb. 14 sind diese Punkte auf einer Kartenskizze, die die Höhenverhältnisse wiedergibt, eingetragen. Das gesamte Messungsgebiet wird durch den gerissenen Rahmen dargestellt.

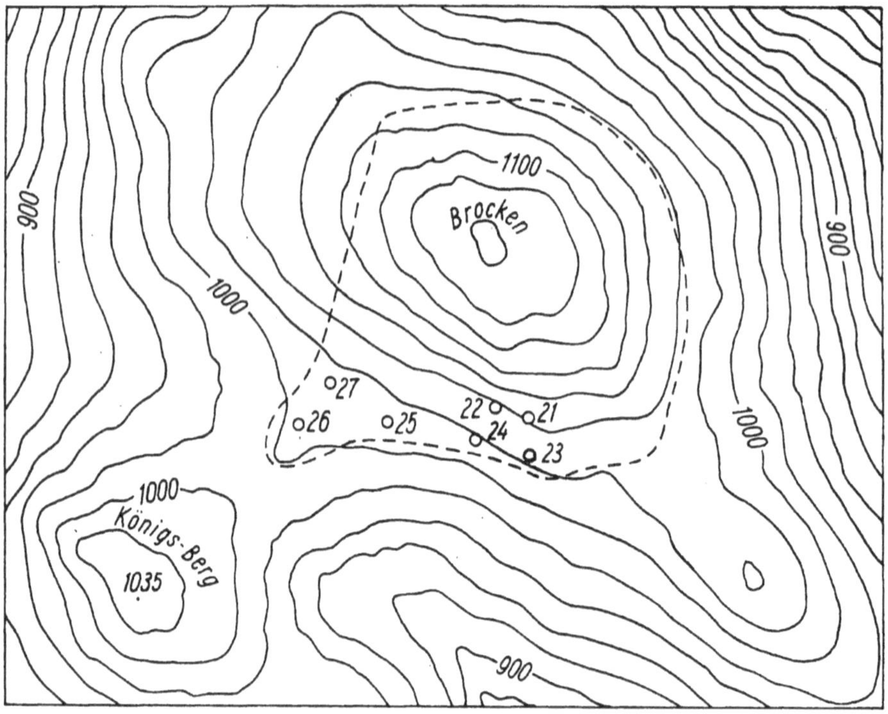

Abb. 14

Um nach Formel (3.10) die Höhenunterschiede zwischen der Höhe des Aufpunktes H_P und der Höhe des Punktes auf der Lotlinie eines anderen Gravimeterpunktes H_i' bestimmen zu können, müssen wir zunächst die topographischen Reduktionen für alle Gravimeterpunkte berechnen.

Nehmen wir die Aufteilung der Umgebung des Aufpunktes entsprechend Tabelle 1 (Abb. 12) vor, so haben wir für jedes Teilgebiet die durchschnittliche Höhe H_{ik} zu ermitteln.

Die Auswertung wird durch Diagramme erleichtert, die auf den Seiten **74** bis **80** dargestellt sind. Wir wollen noch die Werte mitteilen, nach denen die Diagramme gezeichnet wurden. Wir erhalten sie nach Formel (3.20), wenn wir dort anstatt b den Höhenunterschied $\Delta H = H_i - H_{ik}$ setzen:

$$t = \frac{2\pi}{12} f \left(\varrho_{i+1} - \varrho_i - \sqrt{\varrho_{i+1}^2 + \Delta H^2} + \sqrt{\varrho_i^2 + \Delta H^2} \right),$$

so daß wir also für die topographische Reduktion T bekommen

$$T = t \cdot \Theta .$$

In Tabelle 4 sind die Werte t für die verschiedenen Bereiche angegeben.

Auf den Seiten 80 und 81 ist als Muster die Berechnung der topographischen Reduktion für den Punkt 36, unseren Zentralpunkt, gegeben.

In Tabelle 5 sind die Reduktionen in mgal für alle Punkte mitgeteilt ($\Theta = 2{,}6$).

Für die Ermittlung der 1. topographischen Reduktion wird nur das Gebiet im Umkreis von 25 km berücksichtigt. Bei Punkten, die maximal nur wenige hundert Meter auseinander liegen, werden sich weit entfernte Kompartimente weitgehend überdecken, die mittlere Höhe der Kompartimente kann dann als gleich angesehen werden. Unterschiedlich wirken wird dann nur der wegen der verschiedenen Punkthöhen verschiedene Höhenunterschied. Wir wollen überschläglich die Wirkung des Gebietes von 25 — 35 km berechnen.

Tabelle 4

ΔH_{km} \ t	Bereich *a*	Bereich *b*	Bereich *c*	Bereich *d*	Bereich *e*	Bereich *f*	Bereich *g*
0	0	0	0	0	0	0	0
0,01	0,0017	0,0009	0,0005				
0,02	0,0065	0,0034	0,0018	0,0007	0,0004		
0,03	0,0137	0,0076					
0,04	0,0222	0,0131	0,0069	0,0027	0,0015	0,0011	0,0004
0,05	0,0312	0,0197	0,0107				
0,07	0,0488	0,0356	0,0204	0,0081	0,0048		
0,09	0,0645	0,0533					
0,10	0,0713	0,0623	0,0396	0,0163	0,0093	0,0060	0,0035
0,12	0,0833	0,0804	0,0547	0,0232	0,0132		
0,15	0,0974	0,1060	0,0798	0,0354	0,0206	0,0130	0,0084
0,17		0,1216	0,0976	0,0447	0,0265		
0,20		0,1427	0,1247	0,0600	0,0359	0,0228	0,0147
0,25				0,0885			
0,30				0,1194	0,0766	0,0501	0,0326
0,40				0,1836	0,1268	0,0861	0,0571
0,50					0,1822	0,1292	0,0875
0,60						0,1775	0,1229
0,70							0,1631

ΔH_{km} \ t	Bereich *h*	Bereich *i*	Bereich *k*	Bereich *l*	Bereich *m* 10—15 km	Bereich *n* 15—25 km
0,10	0,0021	0,0025	0,0011	0,0007	0,0006	0,0005
0,20	0,0084	0,0095	0,0039	0,0032	0,0024	0,0019
0,30	0,0189	0,0210	0,0091	0,0067	0,0052	0,0042
0,40	0,0336	0,0368	0,0161	0,0119	0,0094	0,0075
0,50	0,0515	0,0578	0,0249	0,0186	0,0146	0,0117
0,60	0,0735	0,0823	0,0357	0,0270	0,0209	0,0168
0,70	0,0984	0,1113	0,0487	0,0364	0,0285	0,0228
0,80	0,1264	0,1442	0,0630	0,0480	0,0372	0,0298
0,90		0,1810	0,0798	0,0609	0,0470	0,0378
1,00		0,2216	0,0977	0,0742	0,0580	0,0466
1,10		0,2650	0,1180	0,0896	0,0702	0,0563
1,20		0,3119	0,1397	0,1064	0,0834	0,0670

Tabelle 5

Nr.	1. top. Red. mgal	Nr.	1. top. Red. mgal	Nr.	1. top. Red. mgal
28	6,822	39	7,831	50	7,930
29	7,433	40	7,998	51	6,549
30	7,753	41	8,330	52	7,178
31	8,182	42	7,959	53	6,955
32	8,361	43	7,730	54	6,076
33	8,440	44	7,311	55	5,748
34	8,299	45	6,848	56	4,752
35	8,097	46	6,835	57	7,836
36	8,570	47	6,474	58	8,497
37	8,382	48	6,596	59	8,289
38	8,047	49	7,168	60	8,208

Die 1. topographische Reduktion wird berechnet nach der Formel

$$t = 2\pi f\left(\varrho_{i+1} - \varrho_i - \sqrt{\varrho_{i+1}^2 + \Delta H^2} + \sqrt{\varrho_i^2 + \Delta H^2}\right).$$

In großer Entfernung wird $\varrho \gg \Delta H$, und wir können eine Reihenentwicklung ansetzen:

$$T = k \cdot \Theta \left\{\varrho_{i+1} - \varrho_i - \varrho_{i+1}\left(1 + \frac{\Delta H^2}{\varrho_{i+1}^2}\right)^{1/2} + \varrho_i\left(1 + \frac{\Delta H^2}{\varrho_i^2}\right)^{1/2}\right\},$$

$$T = \frac{1}{2} k \cdot \Theta \left\{\frac{\Delta H^2}{\varrho_i} - \frac{\Delta H^2}{\varrho_{i+1}}\right\}.$$

An einem zweiten Punkt ist dann die 1. topographische Reduktion

$$T_1 = \frac{1}{2} k \cdot \Theta \left\{\frac{\Delta H'^2}{\varrho_i} - \frac{\Delta H'^2}{\varrho_{i+1}}\right\}.$$

Wir brauchen nun die Differenz zwischen T und T_1

$$T - T_1 = \frac{1}{2} k \cdot \Theta \left(\frac{1}{\varrho_i} - \frac{1}{\varrho_{i+1}}\right)(\Delta H^2 - \Delta H'^2).$$

Im obengenannten Gebiet beträgt die mittlere Höhe etwa 300 m, daraus ergibt sich für den höchsten Punkt ein ΔH von 0,84 km, für den tiefsten Punkt ein ΔH von 0,74 km, im Mittel jedoch ist das $\Delta H = 0{,}81$ km. Mit $\varrho_i = 25$ km, $\varrho_{i+1} = 35$ km und $k \cdot \Theta = 109{,}2$ ergibt sich

$$T - T_1 = 54{,}6\left(\frac{1}{25} - \frac{1}{35}\right)(0{,}84^2 - 0{,}74^2),$$

$$T - T_1 = 0{,}099 \text{ mgal}$$

als Maximalwert und

$$T - T_1 = 0{,}031 \text{ mgal}$$

im Mittel.

Das ist aber gegenüber den Werten von Tabelle 5 zu vernachlässigen.

Es sind nunmehr die 2. topographischen Reduktionen nach PREY, die hier mit der 2. Plattenreduktion verbunden sind, zu berechnen. Wir gehen zurück auf die Formeln (3.33) und (3.34). Es wurde bereits früher gesagt, daß wir für jeden Punkt die Funktion F

$$F = \frac{2\pi}{12} \cdot f\left\{\frac{y}{2}\left(\sqrt{\varrho_{i+1}^2 + y^2} - \sqrt{\varrho_i^2 + y^2}\right) + \frac{\varrho_{i+1}^2}{2}\ln\left(y + \sqrt{\varrho_{i+1}^2 + y^2}\right) - \frac{\varrho_i^2}{2}\ln\left(y + \sqrt{\varrho_i^2 + y^2}\right)\right\}$$

zweimal berechnen müssen, einmal mit $y = -H_{ik}$ und zum anderen mit $y = \Delta h$. Für die Gebiete mit großen ϱ_i bzw. ϱ_{i+1} nimmt die Funktion F große Werte an. Um kleinere Werte zu bekommen, die zudem noch symmetrisch zu $y = 0$ liegen, verändern wir F um einen nur von den ϱ abhängigen Betrag und rechnen mit der Funktion F':

$$F' = \frac{2\pi}{12} \cdot f\left\{\frac{y}{2}\left(\sqrt{\varrho_{i+1}^2 + y^2} - \sqrt{\varrho_i^2 + y^2}\right) + \frac{\varrho_{i+1}^2}{2}\ln\frac{y + \sqrt{\varrho_{i+1}^2 + y^2}}{\varrho_{i+1}} - \frac{\varrho_i^2}{2}\ln\frac{\left(y + \sqrt{\varrho_i^2 + y^2}\right)}{\varrho_i}\right\}.$$

Auf den Seiten 82 bis 85 sind Tabellen und Diagramme, die die Funktion F' darstellen, gebracht.

Es soll nun noch ermittelt werden, wie weit die Umgebung der Punkte berücksichtigt werden muß.

Es läßt sich die Funktion F bzw. die Funktion F' in eine MACLAURINsche Reihe entwickeln:

$$F = F_0 + \left(\frac{dF}{dy}\right)_0 \cdot y + \frac{1}{2}\left(\frac{d^2F}{dy^2}\right)_0 \cdot y^2 + \frac{1}{6}\left(\frac{d^3F}{dy^3}\right)_0 \cdot y^3 + \dots$$

bzw.

$$F' = \left(\frac{dF}{dy}\right)_0 \cdot y + \frac{1}{2}\left(\frac{d^2F}{dy^2}\right)_0 \cdot y^2 + \frac{1}{6}\left(\frac{d^3F}{dy^3}\right)_0 \cdot y^3 + \dots .$$

Die einzelnen Ableitungen haben folgende Gestalt:

$$\left(\frac{dF}{dy}\right)_0 = k\,(\varrho_{i+1} - \varrho_i)\,,$$

$$\left(\frac{d^2F}{dy^2}\right)_0 = k \cdot y \left(\frac{1}{(\varrho_{i+1}^2 + y^2)^{1/2}} - \frac{1}{(\varrho_i^2 + y^2)^{1/2}}\right)_0 = 0\,,$$

$$\left(\frac{d^3F}{dy^3}\right)_0 = k\left(\frac{1}{\varrho_{i+1}} - \frac{1}{\varrho_i}\right)$$

mit $k = \frac{2\pi}{n} \cdot f$.

Je kleiner der Wert $\frac{1}{6}\left(\frac{d^3F}{dy^3}\right)_0$ ist, um so mehr werden wir die Funktion F' als lineare Funktion ansehen dürfen, wenn die höheren Differentiale vernachlässigt werden können. Wäre $\frac{1}{6}\left(\frac{d^3F}{dy^3}\right)_0$ streng Null, so wäre auch die Differenz ΔT_2 gleich Null, da an jedem Punkt stets $-H_{ik} - \Delta h = -H_P$ ist.

Wir wollen für unser Beispiel prüfen, ob es genügt, die Umgebung bis zu einer Entfernung von 3 km (also einschließlich des Bereichs h) zu berücksichtigen.

Es ist dann

$$(\Delta T_2) = \frac{1}{H_P} \cdot 2\,\pi\, f \cdot \Theta \left\{\frac{1}{6}\left(\frac{d^3F}{dy^3}\right)_0 (-H_{ik}^3 - \Delta h^3 + H_{ik}'^3 + h'^3)\right\}.$$

Im Bereich i ist $\varrho_i = 3$ km, $\varrho_{i+1} = 5$ km. Mit $k = \frac{2\,\pi}{12} f = 3{,}5$ ergibt sich

$$\left(\frac{d^3F}{dy^3}\right)_0 = 3{,}5\left(\frac{1}{5} - \frac{1}{3}\right) = -\,0{,}47\,.$$

Die Mittelwerte von H_{ik} für den höchsten Punkt und den tiefsten Punkt unseres Meßgebietes sind 0,70 und 0,72 km, und damit werden mit

$$H_{ik} = 0{,}70\,, \qquad H_{ik}' = 0{,}72\,,$$
$$\Delta h = 0{,}44\,, \qquad \Delta h' = 0{,}42\,.$$

Für den Bereich i ergibt sich dann mit $H_P = 1{,}14$ und $\Theta = 2{,}6$

$$(\Delta T_2) = \frac{1}{1{,}14}\, 12 \cdot 2{,}6 \cdot 0{,}08\, (-\,0{,}343 - 0{,}085 + 0{,}373 + 0{,}074)\,,$$

$$(\Delta T_2) = 0{,}041 \text{ mgal.}$$

Dieser Wert ist an und für sich klein genug, um vernachlässigt zu werden, zumal es sich hier um den Maximalwert handelt, doch sind in der endgültigen Rechnung noch Korrekturen für die Bereiche i, k und l näherungsweise angebracht.

Wenn wir die Funktion F' umgestalten, läßt sich die Berechnung in unserem Falle noch weiter vereinfachen, so daß wir nur einmal, für jeden Wert H_{ik}, in die Tabelle eingehen müssen.

Es ist stets $H_{ik} + \Delta h = H_P$, und so können wir die Funktionen für $-H_{ik}$ und für Δh zu einer einzigen Funktion F'' zusammenfassen:

$$F'' = F'(-H_{ik}) - F'(\Delta h) .$$

Die Funktion F'' ist dann allerdings eine Funktion der Stationshöhe H_P. Tabelle 6 gibt die Funktion F'' für eine H_P von 1141 m in den einzelnen Bereichen a bis h an. Damit sind dann auch alle 2. topographischen Reduktionen berechnet worden.

Tabelle 6

y	Bereich a		Bereich b		Bereich c	
	F''	Diff.	F''	Diff.	F''	Diff.
—1,2	—0,035 84		—0,124 71		—0,395 32	
		—1511		—2974		—5199
—1,1	—0,050 95		—0,154 45		—0,447 31	
		— 998		—2458		—4730
—1,0	—0,060 93		—0,179 03		—0,494 61	
		— 507		—1601		—3734
—0,9	—0,066 00		—0,195 04		—0,531 95	

y	Bereich d		Bereich e		Bereich f		Bereich g	
	F''	Diff.	F''	Diff.	F''	Diff.	F''	Diff.
—1,2	—0,663 91		—1,105 30		—1,757 54		—2,616 48	
		—5114		—5136		—4679		—3768
—1,1	—0,715 05		—1,156 66		—1,804 33		—2,654 16	
		—4705		—4637		—4113		—3229
—1,0	—0,762 10		—1,203 03		—1,845 46		—2,686 45	
		—3979		—3926		—3418		—2634
—0,9	—0,801 89		—1,242 29		—1,879 64		—2,712 79	
				—3036		—2616		—1988
—0,8			—1,272 65		—1,905 80		—2,732 67	
						—1726		—1297
—0,7					—1,923 06		—2,745 64	
								— 580
—0,6							—2,751 44	

y	Bereich h		Bereich i		Bereich k		Bereich l	
	F''	Diff.	F''	Diff.	F''	Diff.	F''	Diff.
—1,1	—3,108 13		—7,888 01		—7,944 01		—11,948 51	
		—2059		—2409		—1068		—811
—1,0	—3,128 72		—7,912 10		—7,954 69		—11,956 62	
		—1656		—1924		— 848		—643
—0,9	—3,145 28		—7,931 34		—7,963 05		—11,963 05	
		—1237		—1426		— 627		—474
—0,8	—3,157 65		—7,945 60		—7,969 44		—11,967 79	
		— 801		— 919		— 403		—305
—0,7	—3,165 66		—7,954 79		—7,973 47		—11,970 84	
		— 352		— 409		— 179		—135
—0,6	—3,169 18		—7,958 88		—7,975 26		—11,972 19	
		+ 86		+ 106		+ 46		+ 35
—0,5	—3,168 32		—7,957 82		—7,974 80		—11,971 84	
				+ 618		+ 271		+205
—0,4			—7,951 64		—7,972 09		—11,969 79	
				+1128		+ 495		+374
—0,3			—7,940 36		—7,967 14		—11,966 05	

Für die Punkte 36 und 49 werden auf den Seiten 86 bis 88 Beispiele für die Berechnung der Differenzen ΔT_2 gebracht. In Tabelle 7 sind alle Differenzen gegenüber dem Punkt 36 dargestellt ($\Theta = 2{,}6$, ΔT_2 in mgal).

Tabelle 7

Nr.	ΔT_2	Nr.	ΔT_2	Nr.	ΔT_2
36—28	+1,484	36—40	+0,004	36—51	+1,337
36—29	+1,150	36—41	+0,029	36—52	+1,798
36—30	+0,468	36—42	+0,366	36—53	+2,270
36—31	+0,054	36—43	+0,338	36—54	+2,132
36—32	—0,050	36—44	+0,170	36—55	+2,187
36—33	+0,156	36—45	+0,259	36—56	+2,229
36—34	+0,054	36—46	+0,097	36—57	+0,182
36—35	+0,066	36—47	+0,591	36—58	—0,040
36—37	—0,064	36—48	+0,366	36—59	+0,044
36—38	+0,009	36—49	+0,509	36—60	+0,161
36—39	—0,004	36—50	+0,289		

Tabelle 8

Pkt. Nr.	Δn m	Δn^2 m²	$K_1 \cdot \Delta n^2$ mgal	$-0{,}1997 \cdot \Delta n$ mgal	ΔT_1 mgal	ΔT_2 mgal	$g_P - g_i$ mgal	$\bar{g}_P - \bar{g}_i$ mgal	$H'_i - H_P$ cm
28	—53,65	2878	+0,137	+10,714	+1,748	+1,484	—12,66	+1,423	+0,165
29	—36,09	1302	+0,062	+ 7,207	+1,137	+1,150	— 8,32	+1,236	+0,144
30	—21,86	478	+0,023	+ 4,365	+0,817	+0,468	— 4,84	+0,833	+0,097
31	— 8,18	67	+0,003	+ 1,634	+0,388	+0,054	— 1,76	+0,319	+0,037
32	— 2,69	7	0	+ 0,537	+0,209	—0,050	— 0,56	+0,136	+0,016
33	— 5,94	35	+0,002	+ 1,186	+0,130	+0,156	— 1,12	+0,354	+0,041
34	— 3,40	12	+0,001	+ 0,679	+0,271	+0,054	— 0,88	+0,125	+0,015
35	— 7,45	56	+0,003	+ 1,488	+0,473	+0,066	— 1,88	+0,150	+0,017
37	— 2,04	4	0	+ 0,407	+0,188	—0,064	— 0,58	—0,049	—0,006
38	— 9,45	89	+0,004	+ 1,887	+0,523	+0,009	— 2,48	—0,057	—0,007
39	—13,87	192	+0,009	+ 2,770	+0,739	—0,004	— 3,60	—0,086	—0,010
40	—11,99	144	+0,007	+ 2,394	+0,572	+0,004	— 3,18	—0,203	—0,024
41	— 3,74	14	+0,001	+ 0,747	+0,240	+0,029	— 1,07	—0,053	—0,006
42	—15,75	248	+0,012	+ 3,145	+0,611	+0,366	— 3,58	+0,554	+0,064
43	—21,22	450	+0,021	+ 4,238	+0,840	+0,338	— 5,14	+0,297	+0,035
44	—28,46	810	+0,039	+ 5,683	+1,259	+0,170	— 7,09	+0,061	+0,007
45	—40,02	1602	+0,076	+ 7,992	+1,722	+0,259	—10,01	+0,039	+0,005
46	—37,15	1380	+0,066	+ 7,419	+1,735	+0,097	— 9,34	—0,023	—0,003
47	—47,68	2273	+0,108	+ 9,522	+2,096	+0,591	—11,89	+0,427	+0,050
48	—44,84	2011	+0,096	+ 8,955	+1,974	+0,366	—10,96	+0,431	+0,050
49	—37,31	1392	+0,066	+ 7,451	+1,402	+0,509	— 8,86	+0,568	+0,066
50	—14,38	207	+0,010	+ 2,872	+0,640	+0,289	— 3,38	+0,431	+0,050
51	—61,03	3725	+0,177	+12,188	+2,021	+1,337	—14,21	+1,513	+0,176
52	—63,91	4084	+0,194	+12,763	+1,392	+1,798	—14,10	+2,047	+0,238
53	—72,82	5303	+0,252	+14,542	+1,615	+2,270	—15,94	+2,739	+0,319
54	—85,39	7291	+0,347	+17,052	+2,494	+2,132	—19,20	+2,825	+0,329
55	—90,50	8190	+0,390	+18,073	+2,822	+2,187	—20,76	+2,712	+0,315
56	—104,30	10878	+0,518	+20,829	+3,818	+2,229	—24,95	+2,444	+0,284
57	—15,85	251	+0,012	+ 3,165	+0,734	+0,182	— 3,42	+0,673	+0,078
58	— 0,83	1	0	+ 0,166	+0,073	—0,040	— 0,18	+0,019	+0,002
59	— 4,48	20	+0,001	+ 0,895	+0,281	+0,044	— 0,98	+0,241	+0,028
60	— 7,98	64	+0,003	+ 1,594	+0,362	+0,161	— 1,78	+0,340	+0,040

Wir haben nun alle Vorarbeiten erledigt und können dazu übergehen, nach Formel (3.17) $\bar{g}_P - \bar{g}_i = (g_P - g_i) - (0{,}3086 - 0{,}0419 \cdot \Theta)\, \Delta n + \Delta T_{Pi} + \left[0{,}0209 \cdot \Theta \frac{\Delta n^2}{H_i'}\right]$ die Größe der Differenzen $\bar{g}_{36} - \bar{g}_i$ zu berechnen. Da wir es hier ausschließlich mit negativen Δn zu tun haben ($\Delta n = H_i - H_P$), da der Punkt 36 ($H_P = 1141$ m) alle übrigen Punkte überragt, haben wir auch die eckige Klammer zu berücksichtigen. Setzen wir $\Theta = 2{,}6$, so erhalten wir den Zahlenwert

$$(0{,}3086 - 0{,}0419 \cdot \Theta) = 0{,}1997 .$$

Die Berechnung soll in Form einer Zahlentabelle (Tabelle 8) vorgenommen werden.

Dabei treten mit $\Theta = 2{,}6$, $H_P = H_i' = 1141$ m und $G = 981\,000$ mgal folgende Konstanten auf:

$$K_1 = 0{,}0209 \frac{\Theta}{H_i'} = 0{,}000\,0476 ,$$

$$\frac{H_P}{G} = 0{,}1163 \text{ cm} \cdot \text{mgal}^{-1} .$$

Mit Hilfe der oben berechneten Werte für $H_i' - H_P$ bekommen wir die Koordinate z aus

$$z = H_i' - H_P - \frac{e_i^2}{2\,(R + H_P)} .$$

Für $R + H_P$ setzen wir einen mittleren Wert von 6 379,14 km. In Tabelle 9 werden nunmehr die Koordinaten z berechnet.

Tabelle 9

Pkt. Nr.	e_i^2 m²	$-\frac{e_i^2}{2(R+H_P)}$ cm	$H_i' - H_P$ cm	z cm	Pkt. Nr.	e_i^2 m²	$-\frac{e_i^2}{2(R+H_P)}$ cm	$H_i' - H_P$ cm	z cm
28	266 094	—2,0883	+0,165	—1,9233	45	60 876	—0,4778	+0,005	—0,4728
29	143 374	—1,1252	+0,144	—0,9812	46	113 033	—0,8871	—0,003	—0,8901
30	56 170	—0,4408	+0,097	—0,3438	47	174 933	—1,3729	+0,050	—1,3229
31	12 854	—0,1009	+0,037	—0,0639	48	193 130	—1,5157	+0,050	—1,4657
32	3 740	—0,0294	+0,016	—0,0134	49	109 889	—0,8624	+0,066	—0,7964
33	18 065	—0,1418	+0,041	—0,1008	50	43 071	—0,3380	+0,050	—0,2880
34	5 808	—0,0456	+0,015	—0,0306	51	180 054	—1,4131	+0,176	—1,2371
35	19 623	—0,1540	+0,017	—0,1370	52	181 021	—1,4207	+0,238	—1,1827
37	2 752	—0,0216	—0,006	—0,0276	53	232 788	—1,8269	+0,319	—1,5079
38	14 098	—0,1106	—0,007	—0,1176	54	303 249	—2,3799	+0,329	—2,0509
39	19 558	—0,1535	—0,010	—0,1635	55	378 314	—2,9690	+0,315	—2,6540
40	27 725	—0,2176	—0,024	—0,2416	56	550 527	—4,3206	+0,284	—4,0366
41	6 079	—0,0477	—0,006	—0,0537	57	36 059	—0,2830	+0,078	—0,2050
42	60 902	—0,4780	+0,064	—0,4140	58	3 208	—0,0252	+0,002	—0,0232
43	50 835	—0,3990	+0,035	—0,3640	59	6 250	—0,0490	+0,028	—0,0210
44	40 406	—0,3171	+0,007	—0,3101	60	30 418	—0,2387	+0,040	—0,1987

Es soll nun mit Hilfe der räumlichen Koordinaten x, y und z eine Kugelfläche bestimmt werden, die sich allen Punkten optimal annähert.

Die Verbesserungsgleichungen werden wir wiederum in Form einer Zahlentabelle (Tabelle 10) bringen. Es sind dabei die Koordinaten x und y in der Einheit km, die Koordinate z in der Einheit cm gebracht.

Tabelle 10

Nr.	x km	y km	z cm	$-\frac{1}{2}(x^2+y^2+z^2)$ km²	$z \cdot c'$ km²	$-\lambda$ km²
28	—0,2938	+0,4240	—1,9233	—0,133 047	+0,134 631	+0,001 584
29	—0,0978	+0,3658	—0,9812	—0,071 687	+0,068 684	—0,003 003
30	+0,0962	+0,2166	—0,3438	—0,028 085	+0,024 066	—0,004 019
31	+0,0834	+0,0768	—0,0639	—0,006 427	+0,004 473	—0,001 954
32	+0,0581	+0,0180	—0,0134	—0,001 850	+0,000 938	—0,000 912
33	+0,1344	—0,0012	—0,1008	—0,009 032	+0,007 056	—0,001 976
34	—0,0486	+0,0587	—0,0306	—0,002 904	+0,002 142	—0,000 762
35	—0,0910	+0,1065	—0,1370	—0,009 812	+0,009 590	—0,000 222
37	—0,0515	—0,0100	—0,0276	—0,001 376	+0,001 932	+0,000 556
38	—0,1169	—0,0208	—0,1176	—0,007 049	+0,008 232	+0,001 183
39	—0,0946	—0,1030	—0,1635	—0,009 779	+0,011 445	+0,001 666
40	+0,0164	—0,1657	—0,2416	—0,013 863	+0,016 912	+0,003 049
41	—0,0033	—0,0779	—0,0537	—0,003 040	+0,003 759	+0,000 719
42	—0,0688	+0,2370	—0,4140	—0,030 451	+0,028 980	—0,001 471
43	—0,2191	+0,0532	—0,3640	—0,025 418	+0,025 480	+0,000 062
44	—0,1534	—0,1299	—0,3101	—0,020 203	+0,021 707	+0,001 504
45	—0,1221	—0,2144	—0,4728	—0,030 438	+0,033 096	+0,002 658
46	+0,0184	—0,3357	—0,8901	—0,056 517	+0,062 307	+0,005 790
47	+0,0310	—0,4171	—1,3229	—0,087 467	+0,092 603	+0,005 136
48	+0,2265	—0,3766	—1,4657	—0,096 565	+0,102 599	+0,006 034
49	+0,2594	—0,2064	—0,7964	—0,054 945	+0,055 748	+0,000 803
50	+0,1710	—0,1176	—0,2880	—0,021 535	+0,020 160	—0,001 375
51	+0,4015	—0,1373	—1,2371	—0,090 027	+0,086 597	—0,003 430
52	+0,4005	+0,1436	—1,1827	—0,090 511	+0,082 789	—0,007 722
53	+0,2888	+0,3865	—1,5079	—0,116 394	+0,105 553	—0,010 841
54	+0,0775	+0,5452	—2,0509	—0,151 625	+0,143 563	—0,008 062
55	—0,1728	+0,5903	—2,6540	—0,189 157	+0,185 780	—0,003 377
56	—0,5590	+0,4879	—4,0366	—0,275 264	+0,282 562	+0,007 298
57	+0,1097	+0,1550	—0,2050	—0,018 030	+0,014 350	—0,003 680
58	+0,0428	—0,0371	—0,0232	—0,001 604	+0,001 624	+0,000 020
59	+0,0156	+0,0775	—0,0210	—0,003 125	+0,001 470	—0,001 655
60	—0,0472	+0,1679	—0,1987	—0,015 209	+0,013 909	—0,001 300

Der Näherungswert für c wurde für die obige Rechnung angenommen mit

$$c' = -7000 \text{ km} .$$

Aus den obigen Verbesserungsgleichungen werden die Normalgleichungen berechnet. Sie lauten

$$+1{,}179\,723 \cdot a - 0{,}504\,229 \cdot b + 1{,}353\,281 \cdot \zeta - 0{,}012\,210 = 0 ,$$
$$-0{,}504\,229 \cdot a + 2{,}165\,141 \cdot b - 4{,}884\,473 \cdot \zeta - 0{,}018\,340 = 0 ,$$
$$+1{,}353\,281 \cdot a - 4{,}884\,473 \cdot b + 43{,}777\,641 \cdot \zeta + 0{,}005\,106 = 0 .$$

Ihre Auflösung ergibt für die Unbekannten

$$a = +0{,}015\,311 \text{ km} ,$$
$$b = +0{,}014\,306 \text{ km} ,$$
$$\zeta = +0{,}001\,006 \cdot 10^5 \text{ km} .$$

Damit erhalten wir auch den Wert für c

$$c = c' + \zeta = -7000 + 100{,}6 = -6899{,}4 \text{ km} .$$

Die Lotkrümmungskomponenten bekommen wir dann zu

$$\tau_x = \frac{a}{c} \cdot \varrho'' = -0'',4577\,,$$

$$\tau_y = \frac{b}{c} \cdot \varrho'' = -0'',4277\,.$$

Wir wollen noch die Fehlerberechnung anschließen. Wir bekommen als Gewichtseinheitsfehler

$$m = \pm \sqrt{\frac{[v\,v]}{n-3}} = \pm \sqrt{\frac{0{,}000\,053\,877}{30}} = \pm\,0{,}001\,340 \text{ km}$$

und damit die Fehler der ausgeglichenen Unbekannten

$$m_a = \pm\, m \sqrt{Q_{aa}} = \pm\, m \sqrt{0{,}942\,619} = \pm\,0{,}001\,301 \text{ km}\,,$$
$$m_b = \pm\, m \sqrt{Q_{bb}} = \pm\, m \sqrt{0{,}662\,032} = \pm\,0{,}001\,090 \text{ km}\,,$$
$$m_\zeta = m_c = \pm\, m \sqrt{Q_{\zeta\zeta}} = \pm\, m \sqrt{0{,}030\,567} = \pm\,0{,}000\,234 \cdot 10^5 \text{ km} = \pm\,23{,}4 \text{ km}\,.$$

Indessen interessieren uns mehr die mittleren Fehler der Lotkrümmungskomponenten τ_x und τ_y. Diese sind Funktionen der ausgeglichenen Unbekannten. Wir haben also eine Fehlerfunktion anzusetzen.

Der Gewichtskoeffizient für die nördliche Komponente lautet

$$\frac{1}{p_{\tau_x}} = Q_{\tau_x\tau_x} = f_a^2 \cdot Q_{aa} + 2\, f_a\, f_c \cdot Q_{ac} + f_c^2 \cdot Q_{cc}\,.$$

Für die Koeffizienten f_a und f_c müssen wir differenzieren

$$f_a = \frac{\partial \tau_x}{\partial a} = \frac{\varrho''}{c} = -29{,}90\,,$$

$$f_c = \frac{\partial \tau_x}{\partial c} = -\frac{a\varrho''}{c^2} = -6{,}63\,.$$

Mit den Gewichtskoeffizienten

$$Q_{aa} = +\,0{,}9426\,,$$
$$Q_{ac} = +\,0{,}0062\,,$$
$$Q_{cc} = +\,0{,}0306$$

erhalten wir

$$Q_{\tau_x\tau_x} = 846{,}5\,.$$

Für die zweite Komponente machen wir den Ansatz

$$\frac{1}{p_{\tau_y}} = Q_{\tau_y\tau_y} = f_b^2 \cdot Q_{bb} + 2\, f_b\, f_c \cdot Q_{bc} + f_c^2 \cdot Q_{cc}\,.$$

Wir haben zu setzen

$$f_b = \frac{\partial \tau_y}{\partial b} = \frac{\varrho''}{c} = -29{,}90\,,$$

$$f_c = \frac{\partial \tau_y}{\partial c} = -\frac{b\,\varrho''}{c^2} = -6{,}20$$

und erhalten diesmal mit $Q_{bb} = +\,0{,}6620$, $Q_{bc} = +\,0{,}0675$ und $Q_{cc} = +\,0{,}0306$

$$Q_{\tau_y\tau_y} = 618{,}0\,.$$

So bekommen wir die mittleren Fehler der Komponenten

$$m_{\tau_x} = \pm\, m \sqrt{Q_{\tau_x\tau_x}} = \pm\,0'',0390\,,$$
$$m_{\tau_y} = \pm\, m \sqrt{Q_{\tau_y\tau_y}} = \pm\,0'',0333\,.$$

4.3 Ergebnisse

Es sollen nun noch einmal die Ergebnisse beider Methoden hier genannt sein. Nach der ersten Methode erhalten wir die Lotkrümmungskomponenten

$$\tau_x \pm m_{\tau_x} = -0'',513 \pm 0'',076\,,$$
$$\tau_y \pm m_{\tau_y} = -0'',563 \pm 0'',074\,.$$

Die zweite Methode bringt folgende Ergebnisse:

$$\tau_x \pm m_{\tau_x} = -0'',458 \pm 0'',039\,,$$
$$\tau_y \pm m_{\tau_y} = -0'',428 \pm 0'',033\,.$$

Die Maximalbeträge und ihre Richtungen können wir nach folgenden Formeln bestimmen:

$$\tau_{\max} = \sqrt{\tau_x^2 + \tau_y^2}\,, \qquad \operatorname{tg}\varphi = \frac{\tau_y}{\tau_x}\,.$$

Für die beiden Verfahren erhalten wir

$$\tau_{\max} = 0'',762; \qquad \varphi = 227°40'$$

für das erste und

$$\tau_{\max} = 0'',627; \qquad \varphi = 223°04'$$

für das zweite Verfahren.

Die Ergebnisse zeigen Abweichungen, die indes als tragbar erscheinen.

Wir wollen nun noch die lineare Verlegung des Lotfußpunktes auf dem Geoid durch die Lotkrümmung in erster Näherung ermitteln.

Man kann hierzu das Lot als auf der ganzen Linie gleichmäßig gekrümmt ansehen und durch einen Kreisbogen approximieren (siehe Abb. 15).

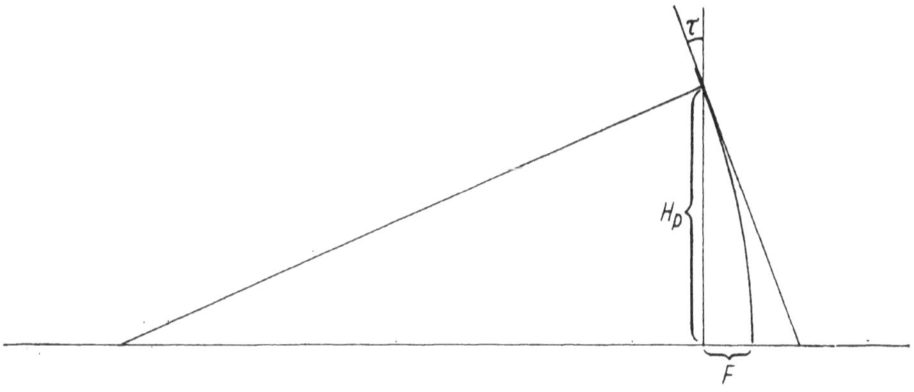

Abb. 15

Wir erhalten nunmehr die Verschiebungen F zu

$$F_x = -H_P \frac{\tau_x}{2}\,, \qquad F_y = -H_P \frac{\tau_y}{2}\,.$$

Führen wir für τ_x und τ_y Mittelwerte aus den beiden Berechnungen ein, nämlich

$$\tau_x = -0'',49\,, \qquad \tau_y = -0'',50\,,$$

so erhalten wir mit $H_P = 1141$ m

$$F_x = 114100\,\frac{0'',49}{2 \cdot \varrho''} = 0,14 \text{ cm}\,, \qquad F_y = 114100\,\frac{0'',50}{2 \cdot \varrho''} = 0,14 \text{ cm}\,.$$

5 Schlußfolgerungen

Betrachten wir das Ergebnis der Berechnungen für die Lotkrümmung am Brocken, der höchsten Erhebung am Rande der Norddeutschen Tiefebene, so erkennen wir, daß sie doch recht klein ist. Andererseits ist ein Winkel von 0'',5 weit größer als der mittlere Fehler für Längen- und Breitenmessungen. Er liegt hier etwa bei $\pm$ 0'',1 und beim unpersönlichen Astrolab von Danjon etwa bei $\pm$ 0'',08. Deswegen hatten wir bereits früher die Forderung aufgestellt, daß wir die Lotkrümmung erst dann vernachlässigen wollen, wenn sie den Wert von 0'',05 nicht übersteigt.

Es ist jedoch nicht ohne weiteres möglich, zu entscheiden, auf welchen Punkten die Lotkrümmung die zugelassene Grenze übersteigen und deswegen eine Berechnung notwendig sein wird. Es soll im folgenden versucht werden, Hinweise zu geben, wie wir doch mit einiger Sicherheit diejenigen Punkte herausfinden können, an denen eine Lotkrümmungsberechnung überflüssig ist.

Die Lotkrümmung τ setzt sich nach Formel (2.10) aus 3 Gliedern zusammen. Sofern auch nur eines von ihnen den zugelassenen Grenzwert übersteigt, ist eine Berechnung der Lotkrümmung notwendig.

Am einfachsten läßt sich noch das Glied A überprüfen. Es beträgt etwa

$$|A| = 0{,}21 \cdot \frac{dg}{ds} \cdot H \,,$$

ist also von der Höhe und vom horizontalen Schweregradienten abhängig. Setzen wir $|A| = 0'',05$, so erhalten wir eine Relation zwischen dem Gradienten und der Höhe

$$\frac{dg}{ds} = 0{,}24 \cdot \frac{1}{H} \text{ mgal/km} \,.$$

Danach wird bei einer Punkthöhe von 100 m erst ein Gradient von 2,4 mgal/km das Glied A über den Grenzwert bringen, während bei einer Punkthöhe von 400 m schon ein Gradient von 0,6 mgal/km genügt. Wir können in erster Näherung, wenn wir den Schweregradienten abschätzen wollen, den Gradienten der BOUGUER-Anomalien dafür setzen.

Wir wollen nun auch das Glied B betrachten. Es wird nur dann notwendig sein, die Größenordnung von B zu bestimmen, wenn das Glied A den Grenzwert von 0,''05 nicht überschritten hat. Das Glied B hängt von der Topographie der Umgebung des Punktes ab. Dabei wirken nur Unregelmäßigkeiten der Geländeprofile. Bei einem Punkt, der z. B. auf der Spitze eines Kegels liegt, wird das Glied B streng gleich Null werden, sofern wir für den ganzen Kegel eine einheitliche Dichte annehmen können.

Wenn auch im 2. Kapitel gesagt wurde, daß wir das Gebiet in einem Umkreis berücksichtigen müssen, der dem 8fachen der maximalen Kompartimentshöhe entspricht, so zeigt sich doch, daß das Gelände in unmittelbarer Nähe des Punktes den größten Einfluß hat. Zu einer genäherten Größenbestimmung verwenden wir deshalb nur das Gebiet innerhalb des 4fachen der Punkthöhe. Wir zeichnen uns durch den Punkt Profile in N—S-Richtung und in O—W-Richtung und ermitteln die für die einzelnen Bereiche nach Tabelle 1 geltenden Mittelwerte der Geländehöhen der Profile. Nach einer verhältnismäßig kurzen Rechnung erhalten wir dann einen Näherungswert für das Glied B.

Für einen Punkt in der Nähe von Huysburg im Huy-Wald mit einer Höhe von 307 m ergaben sich z. B. die beiden Komponenten von B mit

$$B_x = -\,0'',66 \,, \qquad B_y = +\,0'',13 \,.$$

Diese Werte sind zunächst erstaunlich groß, sie zeigen, daß das Glied B selbst bei Punkten mit verhältnismäßig geringer Höhe, wenn sie wie hier an einseitig abfallenden Steilabhängen liegen, Werte annehmen kann, die die von A übersteigen. Die genähert bestimmten

Schweregradienten an diesem Punkt sind $g_x = -0{,}08$ mgal/km und $g_y = -1{,}2$ mgal/km und damit die Komponenten von A

$$A_x = 0{,}21 \cdot 0{,}08 \cdot 0{,}3 = 0'',005\,,$$
$$A_y = 0{,}21 \cdot 1{,}2 \cdot 0{,}3 = 0'',08\,.$$

Auf der anderen Seite ist es einleuchtend, daß die Werte B stark von der Meereshöhe der Punkte abhängen und daß sie mit kleiner werdendem H sehr schnell an Größe abnehmen. Es soll an dieser Stelle nur noch einmal darauf hingewiesen werden, daß die verhältnismäßig kleinen Werte von B, wie sie in unserer Beispielrechnung für den Brocken sich ergaben ($B_x = -0'',04$, $B_y = -0'',28$), auf die doch recht symmetrische Form des Brockengipfels zurückzuführen sind.

Wir haben nunmehr zwei Kriterien, die wir bei der Untersuchung der Punkte anwenden können. Es wurden 90 Punkte des trigonometrischen Netzes 1. Ordnung in der DDR untersucht. 30 Punkte haben eine Höhe von weniger als 100 m. Sie liegen alle nördlich des 52. Breitengrades. In diesem Gebiet tritt ein BOUGUER-Gradient $> 2{,}4$ mgal/km an keiner Stelle auf. Für diese Punkte entscheidet das Kriterium „A" gegen eine Berechnung. Weitere 29 Punkte haben eine Geländehöhe von 100—200 m, 9 Punkte eine Höhe zwischen 200 und 400 m. Die restlichen 22 Punkte haben Höhen über 400 m. Für $H = 400$ m genügt aber schon ein Gradient von 0,6 mgal/km, um den Wert A über den Grenzwert zu bringen. Solche Gradienten sind jedoch überall zu finden. In Punkten über 400 m wird die Berechnung in jedem Falle notwendig sein. Bei einer Höhe von 200 m beträgt der notwendige Gradient 1,2 mgal/km. Solche Gradienten können vorkommen; es ist etwa anzunehmen, daß sie bei einem Drittel der in Frage kommenden Punkte auftreten werden. Bei den Punkten der Höhengruppe 200—400 m werden nur einzelne Punkte nicht in Frage kommen.

Das Kriterium „B" zeigt nun wiederum, daß es wohl möglich sein kann, daß B den Grenzwert überschreitet, auch wenn A noch darunter liegt. Von dem Rest der Punktgruppe mit den Höhen 100—200 m wird etwa die Hälfte noch zu berechnen sein, während bei den restlichen Punkten mit den Höhen 200—400 m das Glied B geprüft werden muß. Als endgültige Überlegung bleibt: Die 30 Punkte mit Höhen unter 100 m brauchen nicht berücksichtigt zu werden, von den 29 Punkten der zweiten Gruppe (100—200 m Höhenlage) nur etwa ein Drittel nicht. Das sind zusammen etwa 40 Punkte. Auf den restlichen 50 Punkten wird die Berechnung der Lotkrümmung bei einer Genauigkeitsforderung von 0'',05 notwendig sein.

Das dritte Glied der ARNOLDschen Berechnungsmethode verlangt die Kenntnis der 1. und 2. Gradienten der Lotabweichungen (oder, was hier aber nicht berücksichtigt worden ist, die Kenntnis der Freiluftanomalien der Schwere). Hier läßt sich eine Entscheidung über die Größenordnung noch schwerer fällen. Aus den Karten von WOLF [24] läßt sich aber erkennen, daß die Lotabweichungen in der Norddeutschen Tiefebene einigermaßen glatt verlaufen, woraus man schließen kann, daß dort die 2. Gradienten keine wesentlichen Werte annehmen werden.

Aus allen diesen Untersuchungen läßt sich jedoch auch erkennen, daß die Lotkrümmung im Hochgebirge einige Sekunden erreichen kann. Das wird auch bei anderen Autoren deutlich [4, 15, 16, 17].

Es fragt sich nun, welches der beiden vorgeschlagenen Verfahren einfacher und wirtschaftlicher anzuwenden ist.

Zunächst ist festzustellen, daß für beide Verfahren eine gravimetrische und tachymetrische Aufnahme in der Umgebung des Punktes notwendig ist. Das Verfahren von ARNOLD setzt weiterhin zuverlässige Angaben über die Lotabweichungen voraus. Diese sind nicht immer zu bekommen. Ich halte die vorhandenen Unterlagen zumindest für die Lotabweichungen im Ersten Vertikal η als nicht genügend sicher.

Das zweite Verfahren verlangt die Berechnung der topographischen Reduktionen nach PREY für alle Gravimeterpunkte.

Das ist eine sehr mühsame Arbeit, die allerdings durch Diagramme vereinfacht werden kann. Dafür sind aber keine Angaben über die Lotabweichungen notwendig.

Zusammenfassend läßt sich folgendes sagen:

Die Lotkrümmung läßt sich nach ARNOLD wirtschaftlicher und schneller berechnen, sofern es möglich ist, aus den vorhandenen Unterlagen genügend genau die Änderung der mittleren Krümmung der Niveaufläche zu bestimmen.

Da man diese aber nicht immer bekommen kann, so dürfte sich in diesen Fällen die Anwendung des zweiten Verfahrens, trotz des größeren Arbeits- und Zeitaufwandes empfehlen.

Die erreichbare Genauigkeit scheint beim zweiten Verfahren etwas größer zu sein.

Hinzuweisen wäre noch auf folgendes: Wenn oben die Krümmung der Lotlinie als konstant angesehen wird, d. h. die Lotlinie als Kreisbogen approximiert wird, so kann das natürlich nur eine erste Näherung sein. So läßt sich durch Erweiterung des zweiten Verfahrens zumindest auf einem gewissen Stück die Lage der tiefer gelegenen Niveauflächen und damit auch der Verlauf der Lotlinie in zweiter Näherung, nun schon sehr nahe an die Wirklichkeit herankommend, angeben. Das ist zweifellos ein Vorzug des zweiten Verfahrens. Diese genauere Lage läßt sich allerdings nur oberhalb des tiefsten Messungspunktes mit einiger Sicherheit bestimmen.

Noch ein paar Worte zum Zeitbedarf. Wir haben damit zu rechnen, daß wir für jeden Punkt, an dem die Lotkrümmung bestimmt werden soll, eine Meßzeit von etwa zwei bis drei Wochen für die gravimetrischen und tachymetrischen Aufnahmen und eine Auswertezeit von etwa vier Wochen benötigen.

Andererseits ist aber die Berechnung der Lotkrümmung eine Voraussetzung für die Projektion der Oberflächenpunkte auf das Ellipsoid nach PIZZETTI. Die PIZZETTI-Projektion ermöglicht vor allem die exakte Ermittlung der absoluten Lotabweichungen, wodurch wir uns der Bestimmung der Parameter des mittleren Erdellipsoides nähern.

6 Literaturverzeichnis

[1] ARNOLD, K.: Beiträge zur gravimetrischen Geodäsie. Veröff. d. Geod. Inst. Potsdam (Dt. Akad. d. Wiss. Berlin) Nr. 11 (1956).

[2] ARNOLD, K.: Eine durch Oberflächenwerte bestimmte Reihenentwicklung für die Tangente der Lotlinie. Gerl. Beitr. Geophys. **66** (1957) S. 89—101.

[3] BAESCHLIN, C. F.: Lehrbuch der Geodäsie. Orell Füssli Verlag, Zürich 1948.

[4] BAESCHLIN, C. F.: Über die Lotkrümmung. Mitteilung an die Studienkommission I. Rom 1954.

[5] BARNITZKE, J. E.: Bestimmung der Bodendichte aus Gravimetermessungen. Beiträge zur angewandten Geophysik **10** (1943) S. 85—95.

[6] GALLE, A.: Lotabweichungen im Harz und in seiner weiteren Umgebung. Veröff. d. Königl. Preuß. Geod. Inst., Neue Folge Nr. 36, Berlin 1908.

[7] GALLE, A.: Das Geoid im Harz. Veröff. d. Königl. Preuß. Geod. Inst. Neue Folge Nr. 61, Berlin 1914.

[8] GASSMANN, F.: Zur gravimetrischen Bestimmung von Gesteinsdichten und Lotlinienkrümmungen in der Erdkruste. Schweiz. ZfV (1960) S. 39—49.

[9] HUNZIKER, E.: Lotlinienkrümmung und Projektion eines Punktes oder einer Strecke auf das Geoid. Schweiz. ZfV (1960) S. 144—152.

[10] JORDAN-EGGERT: Handbuch der Vermessungskunde. Bd. III/2. 9. Auflage, Stuttgart 1948.

[11] JUNG, K.: Über die Bestimmung der Bodendichte aus den Schweremessungen. Beiträge zur angewandten Geophysik (1943) S. 154—164.

[12] JUNG, K.: Zur Bestimmung der Bodendichte nach dem Nettleton-Verfahren. Zeitschrift für Geophysik, Sonderband 1953.

[13] JUNG, K.: Zur gravimetrischen Bestimmung der Bodendichte. Gerl. Beitr. Geophys. **68** (1959) S. 268—279.

[14] KEMPIN, J.-H.: Ein Beitrag zur Berechnung der Pizzetti- und Helmertprojektion aus Schweremessungen. Schweiz. ZfV (1959) S. 163—170, S. 195—203.

[15] KOBOLD, F.: Die astronomischen Nivellemente in der Schweiz. Schweiz. ZfV (1957) Nr. 4.

[16] LEDERSTEGER, K.: Die Reduktion der astronomischen Beobachtungen wegen Lotkrümmung. Schweiz. ZfV, Kulturtechnik und Photogrammetrie (1955).

[17] LEDERSTEGER, K.: Lotkrümmungsreduktion und absolute Lotabweichungen. Schweiz. ZfV (1957) S. 33—40.

[18] LEDERSTEGER, K.: Die Bestimmung der Lotkrümmung auf dem TP Rosalienkapelle. Schweiz. ZfV, Kulturtechnik und Photogrammetrie (1958).

[19] NETTLETON, L. L.: Determination of density for reduction of gravimeter observations. Geophysics (1939) S. 176—183.

[20] RISCHE, H.: Dichtebestimmung im Gesteinsverband durch Gravimeter- und Drehwaagemessungen unter Tage. Freiberger Forschungshefte C 35, Berlin 1957.

[21] SCHLEUSENER, A.: Genauigkeitsgrenzen bei der Bestimmung der mittleren Gesteinsdichte durch Gravimetermessungen. Beiträge zur angewandten Geophysik **11** (1944) S. 44—54.

[22] STEINER, F.: Zur Ermittlung des Koeffizienten der gravimetrischen Höhenreduktion. Gerl. Beitr. Geophys. **68** (1959) S. 15—20.

[23] WOLF, H.: Versuch einer Geoidbestimmung im mittleren Europa aus astronomisch-geodätischen Lotabweichungen. Veröff. d. Dt. Geodät. Komm. (Rh. A) Nr. 18, Frankfurt/Main 1956.

[24] WOLF, H.: Astronomisch-geodätische Lotabweichungen im mittleren Europa. Veröff. d. Dt. Geodät. Komm. (Rh. B) Nr. 39, Frankfurt/Main 1957.

[25] VECCHIA, O.: La densità nella gravimetria in montagna. Quaderni di geofisica applicata **18/19** (1957/58).

Tabellen und Diagramme

Tabellen zur Berechnung von B_1 und B_2

Kreisring *a*. ($\varrho_i = 0{,}050$ km, $\varrho_{i+1} = 0{,}100$ km, ΔH und H_{ik} in km)

ΔH	$\varepsilon - \zeta$	Diff.	ln δ'	Diff.	H_{ik}	ln η'	Diff.
0,000	±0,000 00	+ 15	±0,000 000	— 75	0,050	—0,130 886	—162 100
0,001	+0,000 15	+ 45	—0,000 075	— 225	0,100	—0,292 986	—102 586
0,002	+0,000 60	+ 75	—0,000 300	— 374	0,150	—0,395 572	— 63 830
0,003	+0,001 35	+ 104	—0,000 674	— 522	0,200	—0,459 402	— 42 399
0,004	+0,002 39	+ 134	—0,001 196	— 671	0,250	—0,501 801	— 29 801
0,005	+0,003 73	+ 160	—0,001 867	— 815	0,300	—0,531 602	— 21 957
0,006	+0,005 33	+ 189	—0,002 682	— 960	0,350	—0,553 559	— 16 799
0,007	+0,007 22	+ 216	—0,003 642	— 1 101	0,400	—0,570 358	— 13 241
0,008	+0,009 38	+ 240	—0,004 743	— 1 241	0,450	—0,583 599	— 10 692
0,009	+0,011 78	+ 267	—0,005 984	— 1 379	0,500	—0,594 291	— 8 809
0,010	+0,014 45	+1666	—0,007 363	— 8 835	0,550	—0,603 100	— 7 380
0,015	+0,031 11	+2099	—0,016 198	—11 742	0,600	—0,610 480	— 6 269
0,020	+0,052 10	+2362	—0,027 940	—14 130	0,650	—0,616 749	— 5 390
0,025	+0,075 72	+2461	—0,042 070	—15 976	0,700	—0,622 139	— 4 666
0,030	+0,100 33	+2429	—0,058 046	—17 301	0,750	—0,626 805	— 4 125
0,035	+0,124 62	+2299	—0,075 347	—18 162	0,800	—0,630 930	— 3 630
0,040	+0,147 61	+2102	—0,093 509	—18 621	0,850	—0,634 560	— 3 230
0,045	+0,168 63	+1869	—0,112 130	—18 756	0,900	—0,637 790	— 2 896
0,050	+0,187 32	+1622	—0,130 886	—18 634	0,950	—0,640 686	— 2 607
0,055	+0,203 54	+1377	—0,149 520	—18 318	1,000	—0,643 293	— 2 360
0,060	+0,217 31	+1142	—0,167 838	—17 860	1,050	—0,645 653	— 2 148
0,065	+0,228 73	+ 926	—0,185 698	—17 302	1,100	—0,647 801	— 1 963
0,070	+0,237 99	+ 731	—0,203 000	—16 681	1,150	—0,649 764	— 1 800
0,075	+0,245 30		—0,219 681		1,200	—0,651 564	— 1 657
					1,250	—0,653 221	— 1 531
					1,300	—0,654 752	
H_{ik}			ln η'	Diff.	H_{ik}	ln η'	Diff.

Kreisring b. ($\varrho_i = 0{,}100$ km, $\varrho_{i+1} = 0{,}200$ km, ΔH und H_{ik} in km)

ΔH	$\varepsilon - \zeta$	Diff.	$\ln \delta'$	Diff.	H_{ik}	$\ln \eta'$	Diff.
0,000	±0,000 00	+ 15	±0,000 000	— 75	0,100	—0,130 886	—88 794
0,002	+0,000 15	+ 45	—0,000 075	— 225	0,150	—0,219 680	—73 306
0,004	+0,000 60	+ 75	—0,000 300	— 374	0,200	—0,292 986	—57 528
0,006	+0,001 35	+ 104	—0,000 674	— 522	0,250	—0,350 514	—45 058
0,008	+0,002 39	+ 134	—0,001 196	— 671	0,300	—0,395 572	—35 368
0,010	+0,003 73	+ 160	—0,001 867	— 815	0,350	—0,430 940	—28 462
0,012	+0,005 33	+ 189	—0,002 682	— 960	0,400	—0,459 402	—23 199
0,014	+0,007 22	+ 216	—0,003 642	—1 101	0,450	—0,482 601	—19 200
0,016	+0,009 38	+ 240	—0,004 743	—1 241	0,500	—0,501 801	—16 113
0,018	+0,011 78	+ 267	—0,005 984	—1 379	0,550	—0,517 914	—13 688
0,020	+0,014 45	+ 769	—0,007 363	—4 025	0,600	—0,531 602	—11 757
0,025	+0,022 14	+ 897	—0,011 388	—4 810	0,650	—0,543 359	—10 200
0,030	+0,031 11	+1006	—0,016 198	—5 540	0,700	—0,553 559	— 8 927
0,035	+0,041 17	+1093	—0,021 738	—6 202	0,750	—0,562 486	— 7 872
0,040	+0,052 10	+1159	—0,027 940	—6 802	0,800	—0,570 358	— 6 990
0,045	+0,063 69	+1203	—0,034 742	—7 328	0,850	—0,577 348	— 6 251
0,050	+0,075 72	+1227	—0,042 070	—7 791	0,900	—0,583 599	— 5 617
0,055	+0,087 99	+1234	—0,049 861	—8 185	0,950	—0,589 216	— 5 075
0,060	+0,100 33	+1226	—0,058 046	—8 516	1,000	—0,594 291	— 4 608
0,065	+0,112 59	+1203	—0,066 562	—8 785	1,050	—0,598 899	— 4 201
0,070	+0,124 62	+1171	—0,075 347	—9 001	1,100	—0,603 100	— 3 846
0,075	+0,136 33	+1128	—0,084 348	—9 161	1,150	—0,606 946	— 3 534
0,080	+0,147 61	+1078	—0,093 509	—9 275	1,200	—0,610 480	— 3 257
0,085	+0,158 39	+1024	—0,102 784	—9 346	1,250	—0,613 737	— 3 012
0,090	+0,168 63	+ 965	—0,112 130	—9 378	1,300	—0,616 749	
0,095	+0,178 28	+ 904	—0,121 508	—9 378			
0,100	+0,187 32		—0,130 886				
H_{ik}			$\ln \eta'$	Diff.	H_{ik}	$\ln \eta'$	Diff.

Kreisring c. (ϱ_i = 0,200 km, ϱ_{i+1} = 0,400 km, ΔH und H_{ik} in km)

ΔH	$\varepsilon - \zeta$	Diff.	ln δ'	Diff.	H_{ik}	ln η'	Diff.
0,000	±0,000 00	+ 23	±0,000 000	— 117	0,200	—0,130 886	—45 945
0,005	+0,000 23	+ 71	—0,000 117	— 352	0,250	—0,176 831	—42 849
0,010	+0,000 94	+ 116	—0,000 469	— 584	0,300	—0,219 680	—38 767
0,015	+0,002 10	+ 162	—0,001 053	— 814	0,350	—0,258 447	—34 539
0,020	+0,003 72	+ 206	—0,001 867	—1 042	0,400	—0,292 986	—30 554
0,025	+0,005 78	+ 248	—0,002 909	—1 265	0,450	—0,323 540	—26 974
0,030	+0,008 26	+ 290	—0,004 174	—1 487	0,500	—0,350 514	—23 832
0,035	+0,011 16	+ 330	—0,005 661	—1 701	0,550	—0,374 346	—21 226
0,040	+0,014 46	+ 366	—0,007 362	—1 912	0,600	—0,395 572	—18 637
0,045	+0,018 12	+ 402	—0,009 274	—2 114	0,650	—0,414 209	—16 731
0,050	+0,022 14	+ 897	—0,011 388	—4 810	0,700	—0,430 940	—14 985
0,060	+0,031 11	+1006	—0,016 198	—5 540	0,750	—0,445 925	—13 477
0,070	+0,041 17	+1093	—0,021 738	—6 202	0,800	—0,459 402	—12 169
0,080	+0,052 10	+1159	—0,027 940	—6 802	0,850	—0,471 571	—11 030
0,090	+0,063 69	+1203	—0,034 742	—7 328	0,900	—0,482 601	—10 038
0,100	+0,075 72	+1227	—0,042 070	—7 791	0,950	—0,492 639	— 9 162
0,110	+0,087 99	+1234	—0,049 861	—8 185	1,000	—0,501 801	— 8 397
0,120	+0,100 33	+1226	—0,058 046	—8 516	1,050	—0,510 198	— 7 716
0,130	+0,112 59	+1203	—0,066 562	—8 785	1,100	—0,517 914	— 7 112
0,140	+0,124 62	+1171	—0,075 347	—9 001	1,150	—0,525 026	— 6 576
0,150	+0,136 33	+1128	—0,084 348	—9 161	1,200	—0,531 602	— 6 095
0,160	+0,147 61	+1078	—0,093 509	—9 275	1,250	—0,537 697	— 5 662
0,170	+0,158 39	+1024	—0,102 784	—9 346	1,300	—0,543 359	
0,180	+0,168 63	+ 965	—0,112 130	—9 378			
0,190	+0,178 28	+ 904	—0,121 508	—9 378			
0,200	+0,187 32		—0,130 886				
H_{ik}			ln η'	Diff.	H_{ik}	ln η'	Diff.

Kreisring *d*. ($\varrho_i = 0{,}400$ km, $\varrho_{i+1} = 0{,}650$ km, ΔH und H_{ik} in km)

ΔH	$\varepsilon - \zeta$	Diff.	ln δ'	Diff.	H_{ik}	ln η'	Diff.
0,000	±0,000 00	+ 19	±0,000 000	— 97	0,300	—0,068 340	—18 179
0,010	+0,000 19	+ 58	—0,000 097	— 291	0,350	—0,086 519	—18 203
0,020	+0,000 77	+ 97	—0,000 388	— 483	0,400	—0,104 722	—17 825
0,030	+0,001 74	+134	—0,000 871	— 674	0,450	—0,122 547	—17 178
0,040	+0,003 08	+170	—0,001 545	— 863	0,500	—0,139 725	—16 367
0,050	+0,004 78	+205	—0,002 408	—1046	0,550	—0,156 092	—15 472
0,060	+0,006 83	+239	—0,003 454	—1229	0,600	—0,171 564	—14 543
0,070	+0,009 22	+271	—0,004 683	—1405	0,650	—0,186 107	—13 618
0,080	+0,011 93	+301	—0,006 088	—1576	0,700	—0,199 725	—12 725
0,090	+0,014 94	+329	—0,007 664	—1741	0,750	—0,212 450	—11 870
0,100	+0,018 23	+733	—0,009 405	—3958	0,800	—0,224 320	—11 070
0,120	+0,025 56	+816	—0,013 363	—4543	0,850	—0,235 390	—10 319
0,140	+0,033 72	+882	—0,017 906	—5073	0,900	—0,245 709	— 9 626
0,160	+0,042 54	+927	—0,022 979	—5542	0,950	—0,255 335	— 8 984
0,180	+0,051 81	+954	—0,028 521	—5950	1,000	—0,264 319	— 8 393
0,200	+0,061 35	+965	—0,034 471	—6299	1,050	—0,272 712	— 7 846
0,220	+0,071 00	+960	—0,040 770	—6591	1,100	—0,280 558	— 7 348
0,240	+0,080 60	+943	—0,047 361	—6826	1,150	—0,287 906	— 6 887
0,260	+0,090 03	+915	—0,054 187	—7009	1,200	—0,294 793	— 6 462
0,280	+0,099 18	+878	—0,061 196	—7144	1,250	—0,301 255	— 6 075
0,300	+0,107 96		—0,068 340		1,300	—0,307 330	
H_{ik}			ln η'	Diff.	H_{ik}	ln η'	Diff.

Kreisring *e*. (ϱ_i = 0,650 km, ϱ_{i+1} = 1,000 km, ΔH und H_{ik} in km)

ΔH	$\varepsilon - \zeta$	Diff.	$\ln \delta'$	Diff.	H_{ik}	$\ln \eta'$	Diff.
0,000	±0,000 00	+ 7	±0,000 000	— 34	0,400	—0,045 711	—19 887
0,010	+0,000 07	+ 20	—0,000 034	— 102	0,500	—0,065 598	—20 479
0,020	+0,000 27	+ 34	—0,000 136	— 171	0,600	—0,086 077	—20 183
0,030	+0,000 61	+ 48	—0,000 307	— 239	0,700	—0,106 260	—19 329
0,040	+0,001 09	+ 61	—0,000 546	— 305	0,800	—0,125 589	—18 171
0,050	+0,001 70	+ 74	—0,000 851	— 374	0,900	—0,143 760	—16 874
0,060	+0,002 44	+ 87	—0,001 225	— 439	1,000	—0,160 634	—15 555
0,070	+0,003 31	+ 99	—0,001 664	— 505	1,100	—0,176 189	—14 273
0,080	+0,004 30	+ 112	—0,002 169	— 571	1,200	—0,190 462	—13 071
0,090	+0,005 42	+ 124	—0,002 740	— 635	1,300	—0,203 533	
0,100	+0,006 66	+ 788	—0,003 375	—4102			
0,150	+0,014 54	+1026	—0,007 477	—5539			
0,200	+0,024 80	+1200	—0,013 016	—6796			
0,250	+0,036 80	+1307	—0,019 812	—7841			
0,300	+0,049 87	+1352	—0,027 653	—8714			
0,350	+0,063 39	+1343	—0,036 367	—9344			
0,400	+0,076 82		—0,045 711				
H_{ik}			$\ln \eta'$	Diff.	H_{ik}	$\ln \eta'$	Diff.

Kreisring *f*. (ϱ_i = 1,000 km, ϱ_{i+1} = 1,500 km, ΔH und H_{ik} in km)

ΔH	$\varepsilon - \zeta$	Diff.	$\ln \delta'$	Diff.	H_{ik}	$\ln \eta'$	Diff.
0,000	±0,000 00	+ 11	±0,000 000	— 56	0,400	—0,020 472	—10 182
0,020	+0,000 11	+ 33	—0,000 056	— 166	0,500	—0,030 654	—11 375
0,040	+0,000 44	+ 56	—0,000 222	— 277	0,600	—0,042 029	—12 156
0,060	+0,001 00	+ 77	—0,000 499	— 387	0,700	—0,054 185	—12 579
0,080	+0,001 77	+ 98	—0,000 886	— 496	0,800	—0,066 764	—12 706
0,100	+0,002 75	+335	—0,001 382	—1706	0,900	—0,079 470	—12 606
0,150	+0,006 10	+455	—0,003 088	—2351	1,000	—0,092 076	—12 336
0,200	+0,010 65	+560	—0,005 439	—2958	1,100	—0,104 412	—11 947
0,250	+0,016 25	+651	—0,008 397	—3529	1,200	—0,116 359	—11 479
0,300	+0,022 76	+722	—0,011 926	—4040	1,300	—0,127 838	
0,350	+0,029 98	+778	—0,015 966	—4506			
0,400	+0,037 76	+815	—0,020 472	—4915			
0,450	+0,045 91		—0,025 387				
H_{ik}			$\ln \eta'$	Diff.	H_{ik}	$\ln \eta'$	Diff.

Kreisring *g*. ($\varrho_i = 1{,}500$ km, $\varrho_{i+1} = 2{,}200$ km, ΔH und H_{ik} in km)

ΔH	$\varepsilon - \zeta$	Diff.	$\ln \delta'$	Diff.	H_{ik}	$\ln \eta'$	Diff.
0,000	±0,000 00	+ 5	±0,000 000	— 24	0,600	—0,019 697	—6373
0,020	+0,000 05	+ 14	—0,000 024	— 70	0,700	—0,026 070	—6939
0,040	+0,000 19	+ 24	—0,000 094	— 120	0,800	—0,033 009	—7381
0,060	+0,000 43	+ 33	—0,000 214	— 166	0,900	—0,040 390	—7705
0,080	+0,000 76	+ 42	—0,000 380	— 212	1,000	—0,048 095	—7924
0,100	+0,001 18	+147	—0,000 592	— 739	1,100	—0,056 019	—8051
0,150	+0,002 65	+202	—0,001 331	—1024	1,200	—0,064 070	—8096
0,200	+0,004 67	+254	—0,002 355	—1305	1,300	—0,072 166	
0,250	+0,007 21	+304	—0,003 660	—1577			
0,300	+0,010 25	+349	—0,005 237	—1836			
0,350	+0,013 74	+390	—0,007 073	—2082			
0,400	+0,017 64	+425	—0,009 155	—2322			
0,450	+0,021 89	+456	—0,011 477	—2540			
0,500	+0,026 45	+483	—0,014 017	—2745			
0,550	+0,031 28	+501	—0,016 762	—2935			
0,600	+0,036 29		—0,019 697				
H_{ik}			$\ln \eta'$	Diff.	H_{ik}	$\ln \eta'$	Diff.

Kreisring *h*. ($\varrho_i = 2{,}200$ km, $\varrho_{i+1} = 3{,}000$ km, ΔH und H_{ik} in km)

ΔH	$\varepsilon - \zeta$	Diff.	$\ln \delta'$	Diff.	H_{ik}	$\ln \eta'$	Diff.
0,000	±0,000 00	+ 2	±0,000 000	— 10	0,600	—0,008 243	—2816
0,020	+0,000 02	+ 6	—0,000 010	— 28	0,700	—0,011 059	—3149
0,040	+0,000 08	+ 9	—0,000 038	— 48	0,800	—0,014 208	—3449
0,060	+0,000 17	+ 14	—0,000 086	— 67	0,900	—0,017 657	—3712
0,080	+0,000 31	+ 17	—0,000 153	— 86	1,000	—0,021 369	—3940
0,100	+0,000 48	+ 58	—0,000 239	— 296	1,100	—0,025 309	—4130
0,150	+0,001 06	+ 83	—0,000 535	— 416	1,200	—0,029 439	—4289
0,200	+0,001 89	+105	—0,000 951	— 530	1,300	—0,033 728	
0,250	+0,002 94	+127	—0,001 481	— 645			
0,300	+0,004 21	+147	—0,002 126	— 757			
0,350	+0,005 68	+168	—0,002 883	— 868			
0,400	+0,007 36	+186	—0,003 751	— 970			
0,450	+0,009 22	+204	—0,004 721	—1076			
0,500	+0,011 26	+220	—0,005 797	—1175			
0,550	+0,013 46	+236	—0,006 972	—1271			
0,600	+0,015 82		—0,008 243				
H_{ik}			$\ln \eta'$	Diff.	H_{ik}	$\ln \eta'$	Diff.

Kreisring i. ($\varrho_i = 3{,}0$ km, $\varrho_{i+1} = 5{,}0$ km, ΔH und H_{ik} in km)

ΔH	$\varepsilon - \zeta$	Diff.	$\ln \delta'$	Diff.
0,000	±0,000 00	+ 36	±0,000 000	— 178
0,100	+0,000 36	+106	—0,000 178	— 534
0,200	+0,001 42	+175	—0,000 712	— 880
0,300	+0,003 17	+242	—0,001 592	—1227
0,400	+0,005 59	+305	—0,002 819	—1564
0,500	+0,008 64	+366	—0,004 383	—1890
0,600	+0,012 30	+420	—0,006 273	—2205
0,700	+0,016 50	+471	—0,008 478	—2504
0,800	+0,021 21	+515	—0,010 982	—2792
0,900	+0,026 36	+554	—0,013 774	—3060
1,000	+0,031 90		—0,016 834	—3313
1,100			—0,020 147	—3548
1,200			—0,023 695	—3764
1,300			—0,027 459	
H_{ik}			$\ln \eta'$	Diff.

Kreisring k. ($\varrho_i = 5{,}0$ km, $\varrho_{i+1} = 7{,}0$ km, ΔH und H_{ik} in km)

ΔH	$\varepsilon - \zeta$	Diff.	$\ln \delta'$	Diff.
0,000	±0,000 00	+ 10	±0,000 000	— 49
0,100	+0,000 10	+ 29	—0,000 049	— 147
0,200	+0,000 39	+ 49	—0,000 196	— 244
0,300	+0,000 88	+ 68	—0,000 440	— 341
0,400	+0,001 56	+ 86	—0,000 781	— 437
0,500	+0,002 42	+105	—0,001 218	— 531
0,600	+0,003 47	+123	—0,001 749	— 624
0,700	+0,004 70	+139	—0,002 373	— 717
0,800	+0,006 09	+156	—0,003 090	— 806
0,900	+0,007 65	+172	—0,003 896	— 894
1,000	+0,009 37		—0,004 790	— 979
1,100			—0,005 769	—1062
1,200			—0,006 831	—1143
1,300			—0,007 974	
H_{ik}			$\ln \eta'$	Diff.

Kreisring *l*. ($\varrho_i = 7{,}0$ km, $\varrho_{i+1} = 10{,}0$ km, $\varDelta H$ und H_{ik} in km)

$\varDelta H$	$\varepsilon - \zeta$	Diff.	ln δ'	Diff.
0,000	±0,000 00		±0,000 000	
0,100	+0,000 05	+ 5	—0,000 026	— 26
0,200	+0,000 21	+16	—0,000 104	— 78
0,300	+0,000 47	+26	—0,000 234	—130
0,400	+0,000 84	+37	—0,000 415	—181
0,500	+0,001 30	+46	—0,000 649	—234
0,600	+0,001 86	+56	—0,000 933	—284
0,700	+0,002 52	+66	—0,001 268	—335
0,800	+0,003 28	+76	—0,001 653	—385
0,900	+0,004 14	+86	—0,002 088	—435
1,000	+0,005 09	+95	—0,002 572	—484
1,100			—0,003 106	—534
1,200			—0,003 687	—581
1,300			—0,004 315	—628
H_{ik}			ln η'	Diff.

Berechnung von B

Bereich a (0,050—0,100 km) $H_P = 1141$ m

	(1)	(2)	(3)	(4)	(5)	(6)	(7)	(8)	(9)	(10)
	H_{ik}	ΔH	$\varepsilon - \zeta$	$-H_P(\varepsilon - \zeta)$	$\ln \delta'$	$-\ln \eta'$	$H_{ik}(\ln \delta' - \ln \eta')$	(4) + (7)	Θ	(8) · Θ
I	1138	3	+0,001 35	—1,540	—0,000 674	+0,649 293	+738,128	+736,588	2,6	+1915,129
II	1137	4	+0,002 39	—2,727	—0,001 196	+0,649 254	+736,842	+734,115	2,6	+1908,699
III	1137	4	+0,002 39	—2,727	—0,001 196	+0,649 254	+736,842	+734,115	2,6	+1908,699
IV	1138	3	+0,001 35	—1,540	—0,000 674	+0,649 293	+738,128	+736,588	2,6	+1915,129
V	1135	6	+0,005 33	—6,082	—0,002 682	+0,649 175	+733,770	+727,688	2,6	+1891,989
VI	1135	6	+0,005 33	—6,082	—0,002 682	+0,649 175	+733,770	+727,688	2,6	+1891,989
VII	1135	6	+0,005 33	—6,082	—0,002 682	+0,649 175	+733,770	+727,688	2,6	+1891,989
VIII	1135	6	+0,005 33	—6,082	—0,002 682	+0,649 175	+733,770	+727,688	2,6	+1891,989
IX	1138	3	+0,001 35	—1,540	—0,000 674	+0,649 293	+738,128	+736,588	2,6	+1915,129
X	1140	1	+0,000 15	—0,171	—0,000 075	+0,649 371	+740,197	+740,026	2,6	+1924,068
XI	1141	0	0	0	0	+0,649 411	+740,978	+740,978	2,6	+1926,543
XII	1141	0	0	0	0	+0,649 411	+740,978	+740,978	2,6	+1926,543

Bereich b (0,100—0,200 km) $H_P = 1141$ m

	(1)	(2)	(3)	(4)	(5)	(6)	(7)	(8)	(9)	(10)
	H_{ik}	ΔH	$\varepsilon - \zeta$	$-H_P(\varepsilon - \zeta)$	$\ln \delta'$	$-\ln \eta'$	$H_{ik}(\ln \delta' - \ln \eta')$	(4) + (7)	Θ	(8) · Θ
I	1130	11	+0,004 53	— 5,169	—0,002 274	+0,605 408	+681,541	+676,372	2,6	+1758,567
II	1131	10	+0,003 73	— 4,256	—0,001 867	+0,605 485	+682,692	+678,436	2,6	+1763,934
III	1133	8	+0,002 39	— 2,727	—0,001 196	+0,605 638	+684,833	+682,106	2,6	+1773,476
IV	1135	6	+0,001 35	— 1,540	—0,000 674	+0,605 792	+686,809	+685,269	2,6	+1781,699
V	1131	10	+0,003 73	— 4,256	—0,001 867	+0,605 485	+682,692	+678,436	2,6	+1763,934
VI	1129	12	+0,005 33	— 6,082	—0,002 682	+0,605 331	+680,391	+674,309	2,6	+1753,203
VII	1125	16	+0,009 38	—10,703	—0,004 743	+0,605 023	+675,315	+664,612	2,6	+1727,991
VIII	1127	14	+0,007 22	— 8,238	—0,003 642	+0,605 177	+677,930	+669,692	2,6	+1741,199
IX	1130	11	+0,004 53	— 5,169	—0,002 274	+0,605 408	+681,541	+676,372	2,6	+1758,567
X	1135	6	+0,001 35	— 1,540	—0,000 674	+0,605 792	+686,809	+685,269	2,6	+1781,699
XI	1137	4	+0,000 60	— 0,685	—0,000 300	+0,605 946	+688,620	+687,935	2,6	+1788,631
XII	1135	6	+0,001 35	— 1,540	—0,000 674	+0,605 792	+686,809	+685,269	2,6	+1781,699

Berechnung von B

Bereich c (0,200—0,400 km) $H_P = 1141$ m

	(1) H_{ik}	(2) ΔH	(3) $\varepsilon - \zeta$	(4) $-H_P(\varepsilon - \zeta)$	(5) $\ln \delta'$	(6) $-\ln \eta'$	(7) $H_{ik}(\ln \delta' - \ln \eta')$	(8) (4) + (7)	(9) Θ	(10) (8) · Θ
I	1100	41	+0,015 19	—17,332	—0,007 744	+0,517 914	+561,187	+543,855	2,6	+1414,023
II	1109	32	+0,009 42	—10,748	—0,004 769	+0,519 194	+570,497	+559,749	2,6	+1455,347
III	1111	30	+0,008 26	— 9,425	—0,004 174	+0,519 479	+572,504	+563,079	2,6	+1464,005
IV	1117	24	+0,005 37	— 6,127	—0,002 701	+0,520 332	+578,194	+572,067	2,6	+1487,374
V	1113	28	+0,007 27	— 8,295	—0,003 668	+0,519 763	+574,414	+566,119	2,6	+1471,909
VI	1099	42	+0,015 92	—18,165	—0,008 127	+0,517 760	+560,087	+541,922	2,6	+1408,997
VII	1081	60	+0,031 11	—35,497	—0,016 198	+0,514 982	+539,186	+503,689	2,6	+1309,591
VIII	1083	58	+0,029 32	—33,454	—0,015 236	+0,515 291	+541,560	+508,106	2,6	+1321,076
IX	1097	44	+0,017 39	—19,842	—0,008 892	+0,517 451	+557,889	+538,047	2,6	+1398,922
X	1119	22	+0,004 54	— 5,180	—0,002 284	+0,520 617	+580,015	+574,835	2,6	+1494,571
XI	1119	22	+0,004 54	— 5,180	—0,002 284	+0,520 617	+580,015	+574,835	2,6	+1494,571
XII	1106	35	+0,011 16	—12,734	—0,005 661	+0,518 767	+567,495	+554,761	2,6	+1442,379

Bereich d (0,400—0,650 km) $H_P = 1141$ m

	(1) H_{ik}	(2) ΔH	(3) $\varepsilon - \zeta$	(4) $-H_P(\varepsilon - \zeta)$	(5) $\ln \delta'$	(6) $-\ln \eta'$	(7) $H_{ik}(\ln \delta' - \ln \eta')$	(8) (4) + (7)	(9) Θ	(10) (8) · Θ
I	1049	92	+0,015 60	—17,800	—0,008 012	+0,272 544	+277,494	+259,694	2,6	+675,204
II	1051	90	+0,014 94	—17,047	—0,007 664	+0,272 869	+278,730	+261,683	2,6	+680,376
III	1060	81	+0,012 23	—13,954	—0,006 246	+0,274 281	+284,117	+270,163	2,6	+702,424
IV	1067	74	+0,010 30	—11,752	—0,005 245	+0,275 380	+288,234	+276,482	2,6	+718,853
V	1069	72	+0,009 76	—11,136	—0,004 964	+0,275 693	+289,409	+278,273	2,6	+723,510
VI	1049	92	+0,015 60	—17,800	—0,008 012	+0,272 544	+277,494	+259,694	2,6	+675,204
VII	1024	117	+0,024 46	—27,909	—0,012 769	+0,268 348	+261,713	+233,804	2,6	+607,890
VIII	1031	110	+0,021 90	—24,988	—0,011 384	+0,269 523	+266,141	+241,153	2,6	+626,998
IX	1061	80	+0,011 93	—13,612	—0,006 088	+0,274 438	+284,719	+271,107	2,6	+704,878
X	1081	60	+0,006 83	— 7,793	—0,003 454	+0,277 577	+296,327	+288,534	2,6	+750,188
XI	1082	59	+0,006 63	— 7,565	—0,003 349	+0,277 733	+296,883	+289,318	2,6	+752,227
XII	1067	74	+0,010 30	—11,752	—0,005 245	+0,275 380	+288,234	+276,482	2,6	+718,853

Berechnung von B

Bereich e (0,650—1,0 km) $H_P = 1141$m

	(1)	(2)	(3)	(4)	(5)	(6)	(7)	(8)	(9)	(10)
	H_{ik}	ΔH	$\varepsilon - \zeta$	$-H_P(\varepsilon-\zeta)$	$\ln \delta'$	$-\ln \eta'$	$H_{ik}(\ln \delta' - \ln \eta')$	(4) + (7)	Θ	(8) · Θ
I	991	150	+0,014 54	—16,590	—0,007 477	+0,159 115	+150,273	+133,683	2,6	+347,576
II	979	162	+0,017 00	—19,397	—0,008 806	+0,157 090	+145,170	+125,773	2,6	+327,010
III	999	142	+0,013 28	—15,152	—0,006 821	+0,160 465	+153,490	+138,338	2,6	+359,679
IV	1011	130	+0,011 39	—12,996	—0,005 836	+0,162 345	+158,231	+145,235	2,6	+377,611
V	1033	108	+0,007 92	— 9,037	—0,004 031	+0,165 767	+167,073	+158,036	2,6	+410,894
VI	1005	136	+0,012 33	—14,069	—0,006 328	+0,161 412	+155,859	+141,790	2,6	+368,654
VII	977	164	+0,017 41	—19,865	—0,009 028	+0,156 753	+144,327	+124,462	2,6	+323,601
VIII	1001	140	+0,012 96	—14,787	—0,006 657	+0,160 790	+154,287	+139,500	2,6	+362,700
IX	1008	133	+0,011 86	—13,532	—0,006 082	+0,161 878	+157,042	+143,510	2,6	+373,126
X	1047	94	+0,005 92	— 6,755	—0,002 994	+0,167 945	+172,704	+165,949	2,6	+431,467
XI	1051	90	+0,005 42	— 6,184	—0,002 740	+0,168 567	+174,284	+168,100	2,6	+437,060
XII	985	156	+0,015 77	—17,994	—0,008 142	+0,158 103	+147,712	+129,718	2,6	+337,267

Bereich f (1,0—1,5 km) $H_P = 1141$ m

	(1)	(2)	(3)	(4)	(5)	(6)	(7)	(8)	(9)	(10)
	H_{ik}	ΔH	$\varepsilon - \zeta$	$-H_P(\varepsilon-\zeta)$	$\ln \delta'$	$-\ln \eta'$	$H_{ik}(\ln \delta' - \ln \eta')$	(4) + (7)	Θ	(8) · Θ
I	869	272	+0,019 11	—21,805	—0,009 950	+0,075 531	+56,990	+35,185	2,6	+ 91,481
II	827	314	+0,024 78	—28,274	—0,013 057	+0,070 195	+47,253	+18,979	2,6	+ 49,345
III	872	269	+0,018 72	—21,360	—0,009 738	+0,075 912	+57,704	+36,344	2,6	+ 94,494
IV	919	222	+0,013 11	—14,959	—0,006 741	+0,081 865	+69,039	+54,080	2,6	+140,608
V	1029	112	+0,003 55	— 4,051	—0,001 791	+0,095 653	+96,584	+92,533	2,6	+240,586
VI	949	192	+0,009 92	—11,319	—0,005 063	+0,085 647	+76,474	+65,155	2,6	+169,403
VII	919	222	+0,013 11	—14,959	—0,006 741	+0,081 865	+69,039	+54,080	2,6	+140,608
VIII	999	142	+0,005 56	— 6,344	—0,002 815	+0,091 950	+89,046	+82,702	2,6	+215,025
IX	951	190	+0,009 74	—11,113	—0,004 969	+0,085 899	+76,964	+65,851	2,6	+171,213
X	982	159	+0,006 92	— 7,896	—0,003 511	+0,089 807	+84,743	+76,847	2,6	+199,802
XI	999	142	+0,005 56	— 6,344	—0,002 815	+0,091 950	+89,046	+82,702	2,6	+215,025
XII	962	179	+0,008 74	— 9,972	—0,004 452	+0,087 286	+79,686	+69,714	2,6	+181,256

Berechnung von *B*

Bereich *g* (1,5—2,2 km) $H_P = 1141$ m

	(1)	(2)	(3)	(4)	(5)	(6)	(7)	(8)	(9)	(10)
	H_{ik}	ΔH	$\varepsilon - \zeta$	$-H_P(\varepsilon - \zeta)$	$\ln \delta'$	$-\ln \eta'$	$H_{ik}(\ln \delta' - \ln \eta')$	(4) + (7)	Θ	(8) · Θ
I	697	444	+0,021 38	—24,395	—0,011 198	+0,025 879	+10,233	—14,162	2,6	— 36,821
II	717	424	+0,019 68	—22,455	—0,010 270	+0,027 250	+12,175	—10,280	2,6	— 26,728
III	889	252	+0,007 33	— 8,364	—0,003 723	+0,039 578	+31,875	+23,511	2,6	+ 61,129
IV	875	266	+0,008 18	— 9,333	—0,004 165	+0,038 545	+30,082	+20,749	2,6	+ 53,947
V	971	170	+0,003 46	— 3,948	—0,001 741	+0,045 861	+42,841	+38,893	2,6	+101,122
VI	827	314	+0,011 23	—12,813	—0,005 751	+0,035 002	+24,191	+11,378	2,6	+ 29,583
VII	942	199	+0,004 63	— 5,283	—0,002 335	+0,043 626	+38,896	+33,613	2,6	+ 87,394
VIII	985	156	+0,002 89	— 3,297	—0,001 454	+0,046 939	+44,803	+41,506	2,6	+107,916
IX	869	272	+0,008 55	— 9,756	—0,004 354	+0,038 102	+29,327	+19,571	2,6	+ 50,885
X	849	292	+0,009 76	—11,136	—0,004 985	+0,036 626	+26,863	+15,727	2,6	+ 40,890
XI	867	274	+0,008 67	— 9,892	—0,004 417	+0,037 954	+29,077	+19,185	2,6	+ 49,881
XII	879	262	+0,007 94	— 9,060	—0,004 038	+0,038 840	+30,591	+21,531	2,6	+ 55,981

Bereich *h* (2,2—3,0 km) $H_P = 1141$ m

	(1)	(2)	(3)	(4)	(5)	(6)	(7)	(8)	(9)	(10)
	H_{ik}	ΔH	$\varepsilon - \zeta$	$-H_P(\varepsilon - \zeta)$	$\ln \delta'$	$-\ln \eta'$	$H_{ik}(\ln \delta' - \ln \eta')$	(4) + (7)	Θ	(8) · Θ
I	645	496	—0,011 10	—12,665	—0,005 711	+0,009 510	+ 2,450	—10,215	2,6	—26,559
II	621	520	—0,012 14	—13,852	—0,006 267	+0,008 834	+ 1,594	—12,258	2,6	—31,871
III	779	362	—0,006 08	— 6,937	—0,003 091	+0,013 547	+ 8,145	+ 1,208	2,6	+ 3,141
IV	875	266	—0,003 35	— 3,822	—0,001 687	+0,016 795	+13,220	+ 9,398	2,6	+24,435
V	865	276	—0,003 60	— 4,108	—0,001 816	+0,016 450	+12,658	+ 8,550	2,6	+22,230
VI	809	332	—0,005 15	— 5,876	—0,002 610	+0,014 518	+ 9,634	+ 3,758	2,6	+ 9,771
VII	771	370	—0,006 35	— 7,245	—0,003 230	+0,013 295	+ 7,760	+ 0,515	2,6	+ 1,339
VIII	859	282	—0,003 75	— 4,279	—0,001 894	+0,016 243	+12,326	+ 8,047	2,6	+20,922
IX	871	270	—0,003 45	— 3,936	—0,001 739	+0,016 657	+12,994	+ 9,058	2,6	+23,551
X	716	425	—0,008 29	— 9,459	—0,004 236	+0,011 563	+ 5,246	— 4,213	2,6	—10,954
XI	735	406	—0,007 58	— 8,649	—0,003 867	+0,012 161	+ 6,096	— 2,553	2,6	— 6,638
XII	751	390	—0,007 02	— 8,010	—0,003 577	+0,012 665	+ 6,825	— 1,185	2,6	— 3,081

Berechnung von B

Bereich i (3,0—5,0 km) $H_P = 1141$ m

	(1)	(2)	(3)	(4)	(5)	(6)	(7)	(8)	(9)	(10)
	H_{ik}	ΔH	$\varepsilon - \zeta$	$-H_P(\varepsilon - \zeta)$	$\ln \delta'$	$-\ln \eta'$	$H_{ik}(\ln \delta' - \ln \eta')$	(4) + (7)	Θ	(8) · Θ
I	551	590	+0,011 93	—13,612	—0,006 084	+0,005 347	—0,406	—14,018	2,6	—36,447
II	647	494	+0,008 46	— 9,653	—0,004 289	+0,007 309	+1,954	— 7,699	2,6	—20,017
III	639	502	+0,008 71	— 9,938	—0,004 421	+0,007 133	+1,733	— 8,205	2,6	—21,333
IV	747	394	+0,005 44	— 6,207	—0,002 745	+0,009 655	+5,162	— 1,045	2,6	— 2,717
V	705	436	+0,006 69	— 7,633	—0,003 382	+0,008 603	+3,681	— 3,952	2,6	—10,275
VI	727	414	+0,006 02	— 6,869	—0,003 038	+0,009 154	+4,446	— 2,423	2,6	— 6,300
VII	827	314	+0,003 51	— 4,005	—0,001 764	+0,011 736	+8,247	+ 4,242	2,6	+11,029
VIII	837	304	+0,003 27	— 3,731	—0,001 641	+0,012 015	+8,683	+ 4,952	2,6	+12,875
IX	844	297	+0,003 12	— 3,560	—0,001 566	+0,012 210	+8,984	+ 5,424	2,6	+14,102
X	735	406	+0,005 77	— 6,584	—0,002 913	+0,009 354	+4,734	— 1,850	2,6	— 4,810
XI	627	514	+0,009 15	—10,440	—0,004 648	+0,006 868	+1,392	— 9,048	2,6	—23,525
XII	633	508	+0,008 93	—10,189	—0,004 534	+0,007 001	+1,562	— 8,627	2,6	—22,430

Bereich k (5,0 — 7,0 km) $H_P = 1141$ m

	(1)	(2)	(3)	(4)	(5)	(6)	(7)	(8)	(9)	(10)
	H_{ik}	ΔH	$\varepsilon - \zeta$	$-H_P(\varepsilon - \zeta)$	$\ln \delta'$	$-\ln \eta'$	$H_{ik}(\ln \delta' - \ln \eta')$	(4) + (7)	Θ	(8) · Θ
I	501	640	—0,003 96	—4,518	—0,001 999	+0,001 223	—0,389	—4,907	2,6	—12,758
II	527	614	—0,003 64	—4,153	—0,001 836	+0,001 361	—0,250	—4,403	2,6	—11,448
III	540	601	—0,003 48	—3,971	—0,001 755	+0,001 430	—0,176	—4,147	2,6	—10,782
IV	750	391	—0,001 50	—1,712	—0,000 750	+0,002 732	+1,486	—0,226	2,6	— 0,588
V	666	475	—0,002 21	—2,522	—0,001 109	+0,002 161	+0,701	—1,821	2,6	— 4,735
VI	702	439	—0,001 90	—2,168	—0,000 951	+0,002 387	+1,008	—1,160	2,6	— 3,016
VII	717	424	—0,001 77	—2,020	—0,000 886	+0,002 495	+1,154	—0,866	2,6	— 2,252
VIII	803	338	—0,001 14	—1,301	—0,000 570	+0,003 114	+2,043	+0,742	2,6	+ 1,929
IX	771	370	—0,001 36	—1,552	—0,000 679	+0,002 882	+1,699	+0,147	2,6	+ 0,382
X	687	454	—0,002 02	—2,305	—0,001 017	+0,002 292	+0,876	—1,429	2,6	— 3,715
XI	584	557	—0,003 02	—3,446	—0,001 521	+0,001 664	+0,084	—3,362	2,6	— 8,741
XII	497	644	—0,004 01	—4,575	—0,002 024	+0,001 205	—0,407	—4,982	2,6	—12,953

Berechnung von *B*

Bereich *l* (7,0 — 10,0 km) $H_P = 1141$ m

	(1)	(2)	(3)	(4)	(5)	(6)	(7)	(8)	(9)	(10)
	H_{ik}	ΔH	$\varepsilon - \zeta$	$-H_P(\varepsilon - \zeta)$	$\ln \delta'$	$-\ln \eta'$	$H_{ik}(\ln \delta' - \ln \eta')$	(4) + (7)	Θ	$(8) \cdot \Theta$
I	407	734	—0,002 78	—3,172	—0,001 399	+0,000 431	—0,394	—3,566	2,6	— 9,272
II	343	798	—0,003 26	—3,720	—0,001 645	+0,000 312	—0,457	—4,177	2,6	—10,860
III	395	746	—0,002 87	—3,275	—0,001 445	+0,000 406	—0,410	—3,685	2,6	— 9,581
IV	544	597	—0,001 84	—2,099	—0,000 924	+0,000 774	—0,082	—2,181	2,6	— 5,671
V	553	588	—0,001 79	—2,042	—0,000 899	+0,000 800	—0,055	—2,097	2,6	— 5,452
VI	577	564	—0,001 66	—1,894	—0,000 831	+0,000 868	+0,021	—1,873	2,6	— 4,870
VII	623	518	—0,001 40	—1,597	—0,000 700	+0,001 010	+0,193	—1,404	2,6	— 3,650
VIII	752	389	—0,000 80	—0,913	—0,000 395	+0,001 468	+0,807	—0,106	2,6	— 0,276
IX	805	336	—0,000 60	—0,685	—0,000 299	+0,001 675	+1,108	+0,423	2,6	+ 1,100
X	613	528	—0,001 46	—1,666	—0,000 729	+0,000 977	+0,152	—1,514	2,6	— 3,936
XI	567	574	—0,001 71	—1,951	—0,000 859	+0,000 839	—0,011	—1,962	2,6	— 5,101
XII	482	659	—0,002 25	—2,567	—0,001 131	+0,000 607	—0,253	—2,820	2,6	— 7,332

Zusammenstellung

Bereich	*a*	*b*	*c*	*d*	*e*	*f*	*g*	*h*	*i*	*k*	*l*	$\beta = \Sigma a \ldots l$	$A(\vartheta)_x$	$A(\vartheta)_y$
I	+1915,129	+1758,567	+1414,023	+675,204	+347,576	+ 91,481	— 36,821	—26,559	—36,447	—12,758	— 9,272	+6080,123	+0,5000	+0,1340
II	+1908,699	+1763,934	+1455,347	+680,376	+327,010	+ 49,345	— 26,728	—31,871	—20,017	—11,448	—10,860	+6083,787	+0,3660	+0,3660
III	+1908,699	+1773,476	+1464,005	+702,424	+359,679	+ 94,494	+ 61,129	+ 3,141	—21,333	—10,782	— 9,581	+6325,351	+0,1340	+0,5000
IV	+1915,129	+1781,699	+1487,374	+718,853	+377,611	+140,608	+ 53,947	+24,435	— 2,717	— 0,588	— 5,671	+6490,680	—0,1340	+0,5000
V	+1891,989	+1763,934	+1471,909	+723,510	+410,894	+240,586	+101,122	+22,230	—10,275	— 4,735	— 5,452	+6605,712	—0,3660	+0,3660
VI	+1891,989	+1753,203	+1408,997	+675,204	+368,654	+169,403	+ 29,583	+ 9,771	— 6,300	— 3,016	— 4,870	+6292,618	—0,5000	+0,1340
VII	+1891,989	+1727,991	+1309,591	+607,890	+323,601	+140,608	+ 87,394	+ 1,339	+11,029	— 2,252	— 3,650	+6095,530	—0,5000	—0,1340
VIII	+1891,989	+1741,199	+1321,076	+626,998	+362,700	+215,025	+107,916	+20,922	+12,875	+ 1,929	— 0,276	+6302,353	—0,3660	—0,3660
IX	+1915,129	+1758,567	+1398,922	+704,878	+373,126	+171,213	+ 50,885	+23,551	+14,102	+ 0,382	+ 1,100	+6411,855	—0,1340	—0,5000
X	+1924,068	+1781,699	+1494,571	+750,188	+431,467	+199,802	+ 40,890	—10,954	— 4,810	— 3,715	— 3,936	+6599,270	+0,1340	—0,5000
XI	+1926,543	+1788,631	+1494,571	+752,227	+437,060	+215,025	+ 49,881	— 6,638	—23,525	— 8,741	— 5,101	+6619,933	+0,3660	—0,3660
XII	+1926,543	+1781,699	+1442,379	+718,853	+337,267	+181,256	+ 55,981	— 3,081	—22,430	—12,953	— 7,332	+6398,182	+0,5000	—0,1340

$b_x = \sum \beta \cdot A(\vartheta)_x = -26,752$ $\qquad$ $b_y = \sum \beta \cdot A(\vartheta)_y = -198,957$

1. Topographische Reduktion

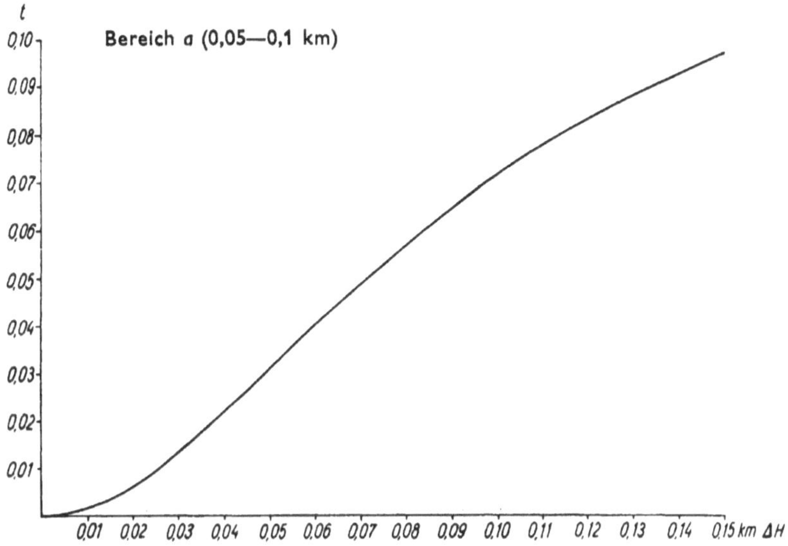

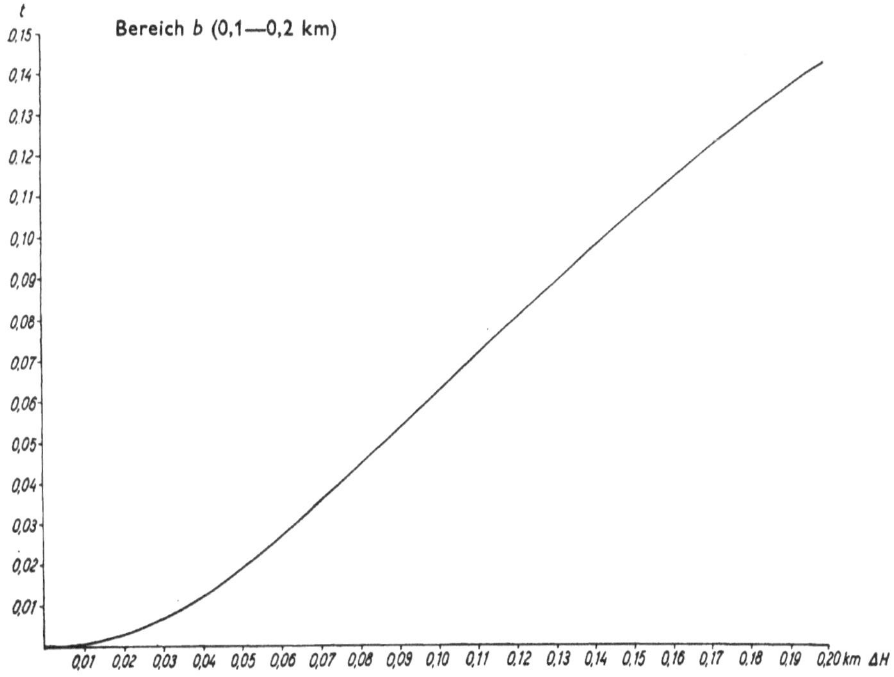

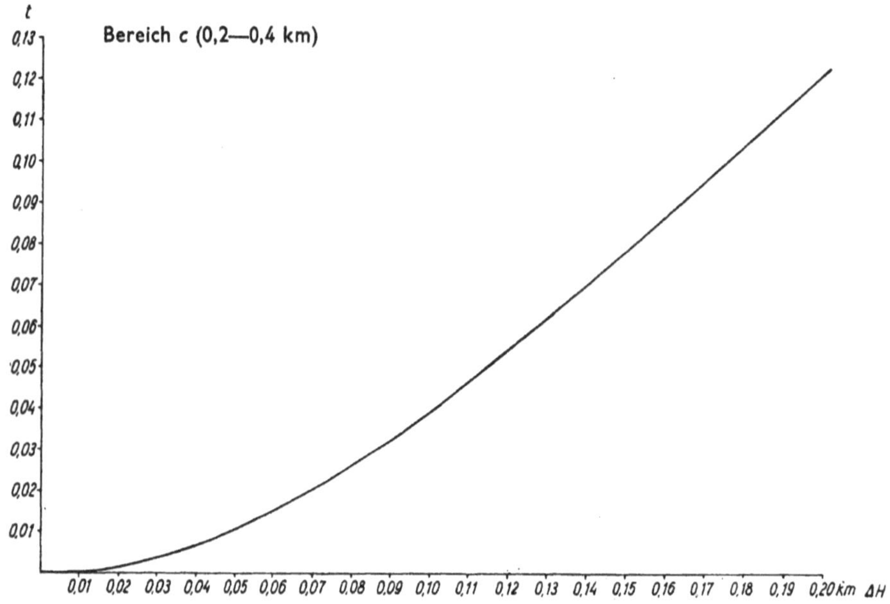
t
Bereich c (0,2—0,4 km)
0,13
0,12
0,11
0,10
0,09
0,08
0,07
0,06
0,05
0,04
0,03
0,02
0,01
0,01 0,02 0,03 0,04 0,05 0,06 0,07 0,08 0,09 0,10 0,11 0,12 0,13 0,14 0,15 0,16 0,17 0,18 0,19 0,20 km ΔH

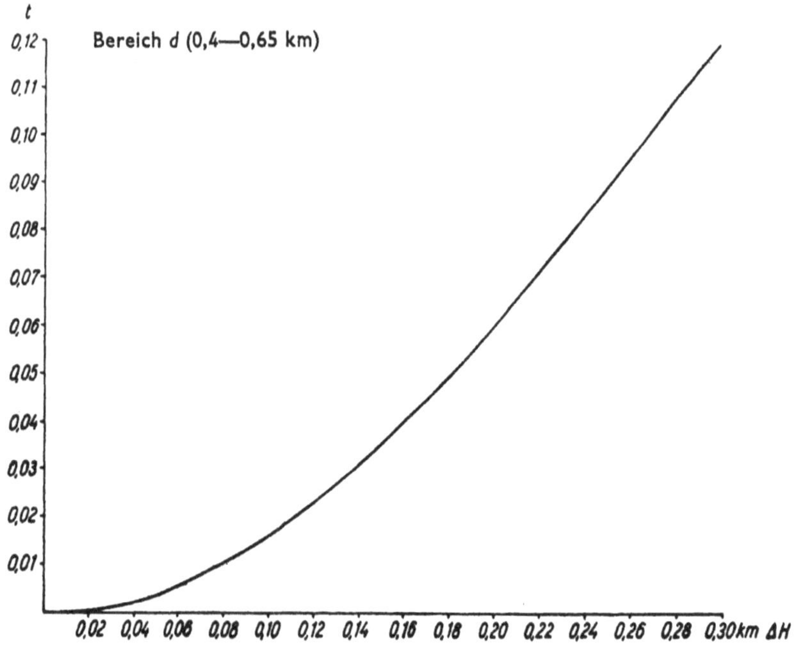
t
Bereich d (0,4—0,65 km)
0,12
0,11
0,10
0,09
0,08
0,07
0,06
0,05
0,04
0,03
0,02
0,01
0,02 0,04 0,06 0,08 0,10 0,12 0,14 0,16 0,18 0,20 0,22 0,24 0,26 0,28 0,30 km ΔH

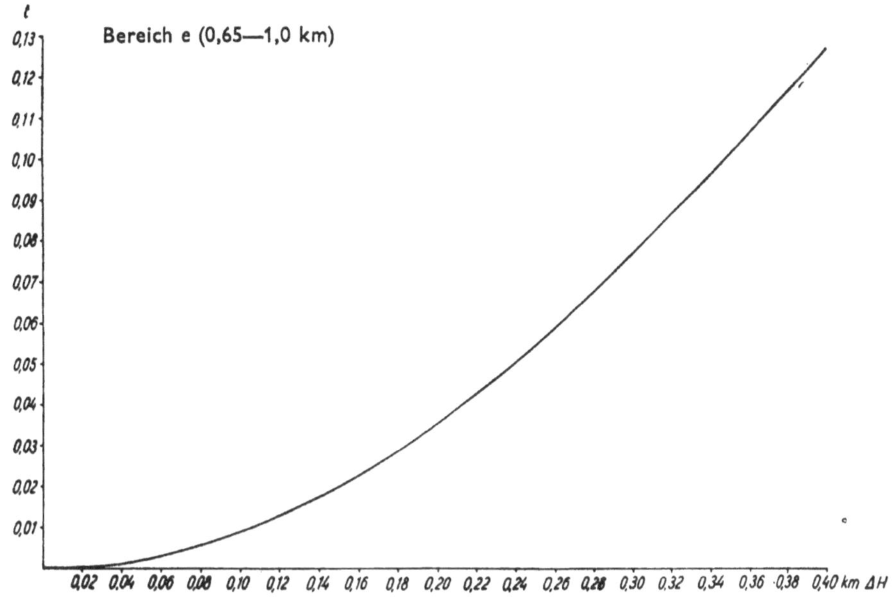
t
Bereich e (0,65—1,0 km)
0,13
0,12
0,11
0,10
0,09
0,08
0,07
0,06
0,05
0,04
0,03
0,02
0,01
0,02 0,04 0,06 0,08 0,10 0,12 0,14 0,16 0,18 0,20 0,22 0,24 0,26 0,28 0,30 0,32 0,34 0,36 0,38 0,40 km ΔH

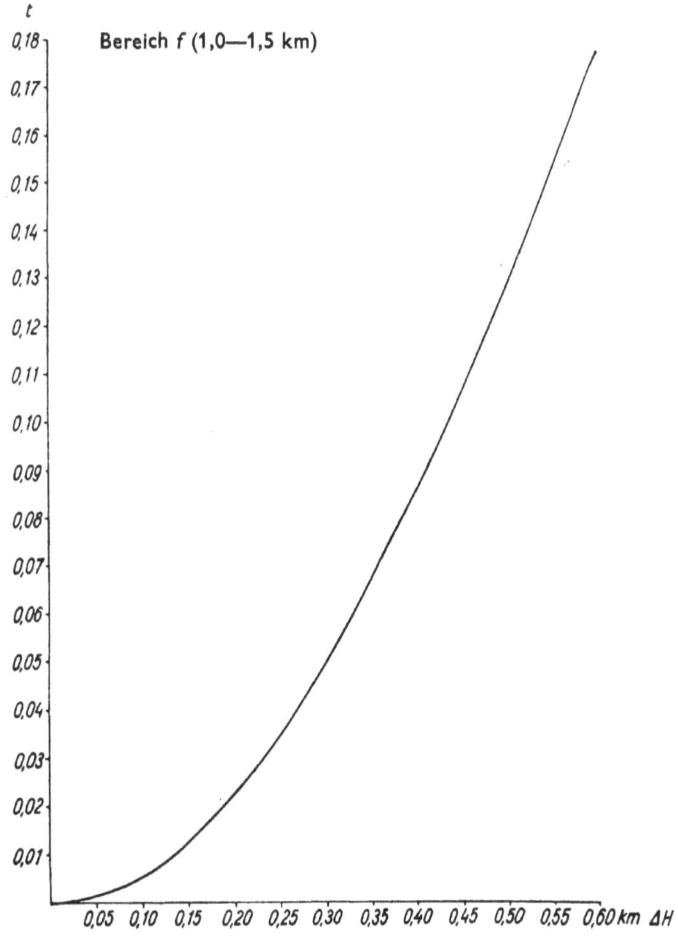
t
Bereich f (1,0—1,5 km)
0,18
0,17
0,16
0,15
0,14
0,13
0,12
0,11
0,10
0,09
0,08
0,07
0,06
0,05
0,04
0,03
0,02
0,01
0,05 0,10 0,15 0,20 0,25 0,30 0,35 0,40 0,45 0,50 0,55 0,60 km ΔH

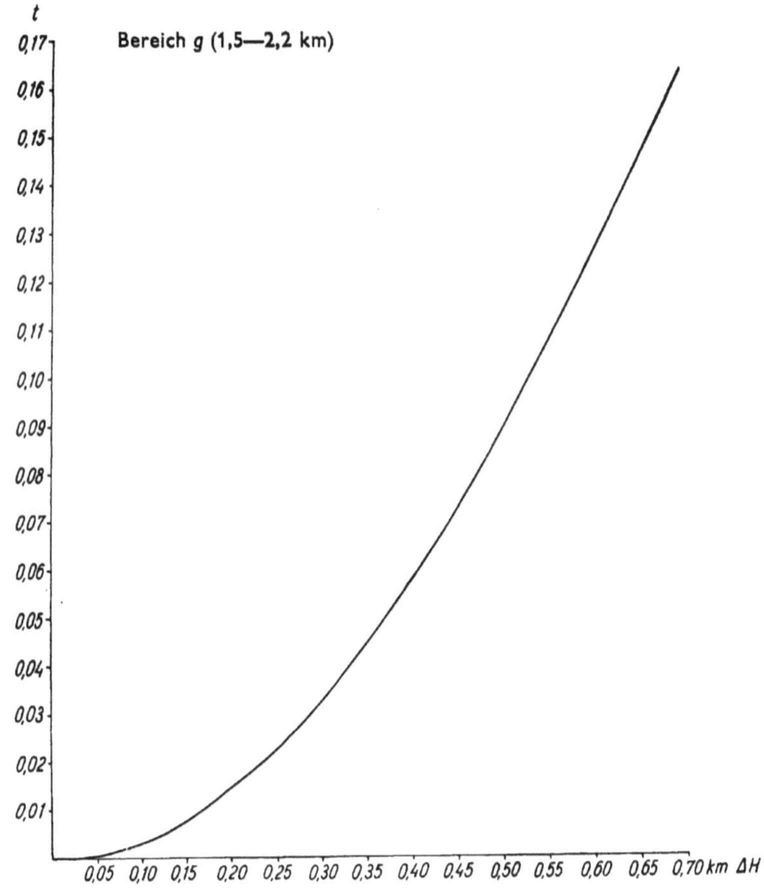
t
Bereich g (1,5—2,2 km)
0,17
0,16
0,15
0,14
0,13
0,12
0,11
0,10
0,09
0,08
0,07
0,06
0,05
0,04
0,03
0,02
0,01
0,05 0,10 0,15 0,20 0,25 0,30 0,35 0,40 0,45 0,50 0,55 0,60 0,65 0,70 km ΔH

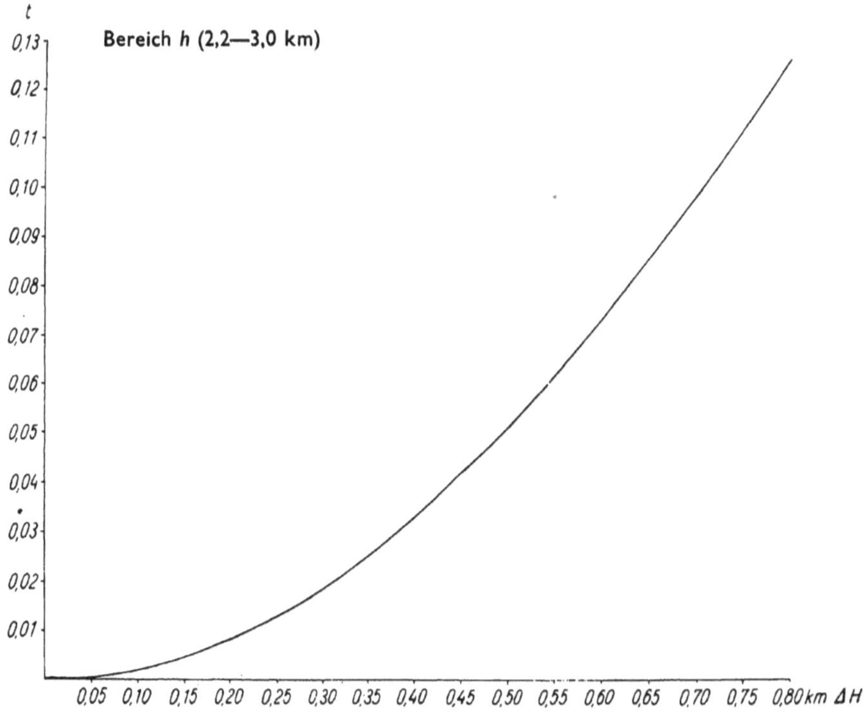
t
Bereich h (2,2—3,0 km)
0,13
0,12
0,11
0,10
0,09
0,08
0,07
0,06
0,05
0,04
0,03
0,02
0,01
0,05 0,10 0,15 0,20 0,25 0,30 0,35 0,40 0,45 0,50 0,55 0,60 0,65 0,70 0,75 0,80 km ΔH

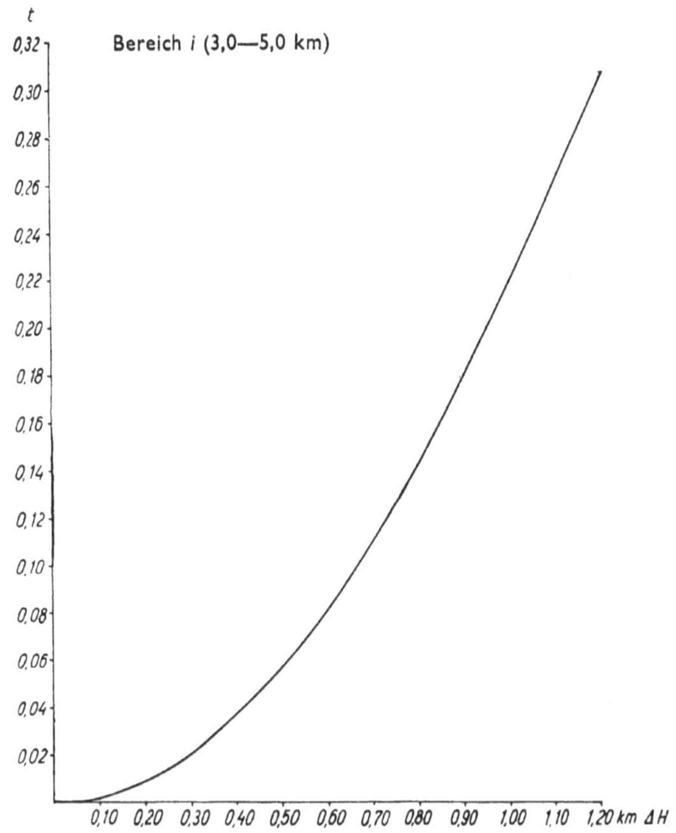
t
Bereich i (3,0—5,0 km)
0,32
0,30
0,28
0,26
0,24
0,22
0,20
0,18
0,16
0,14
0,12
0,10
0,08
0,06
0,04
0,02
0,10 0,20 0,30 0,40 0,50 0,60 0,70 0,80 0,90 1,00 1,10 1,20 km ΔH

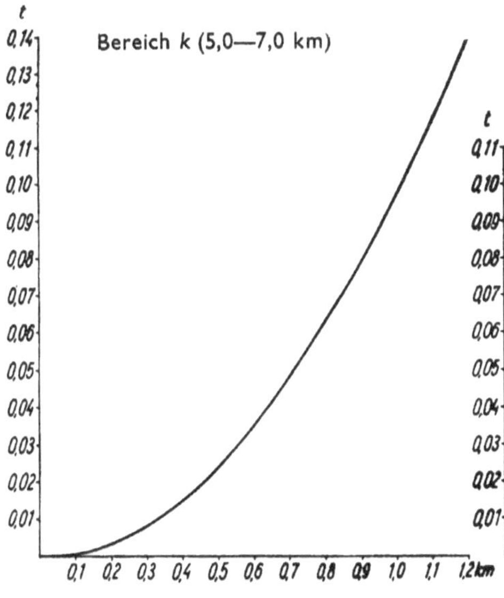
t
Bereich k (5,0—7,0 km)
0,14
0,13
0,12
0,11
0,10
0,09
0,08
0,07
0,06
0,05
0,04
0,03
0,02
0,01
0,1 0,2 0,3 0,4 0,5 0,6 0,7 0,8 0,9 1,0 1,1 1,2 km

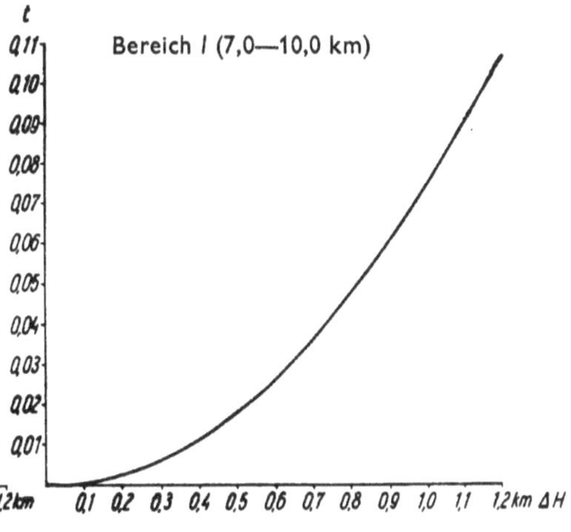
t
Bereich l (7,0—10,0 km)
0,11
0,10
0,09
0,08
0,07
0,06
0,05
0,04
0,03
0,02
0,01
0,1 0,2 0,3 0,4 0,5 0,6 0,7 0,8 0,9 1,0 1,1 1,2 km ΔH

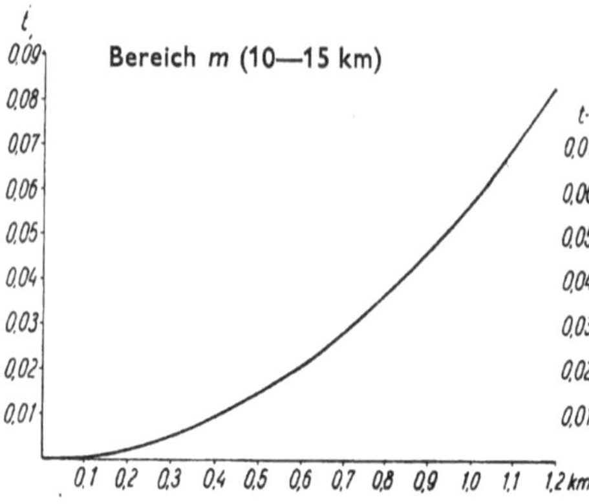

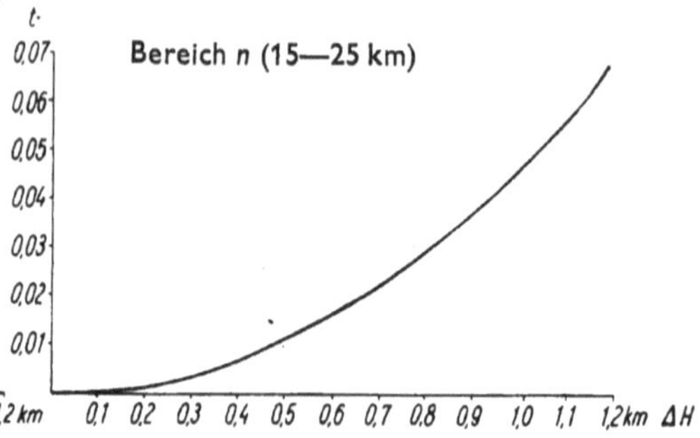

Berechnung der 1. topographischen Reduktion

Punkt 36 (Höhe 1141 m)

Werte der H_{ik}

Bereich	*a*	*b*	*c*	*d*	*e*	*f*	*g*	*h*	*i*	*k*	*l*	*m*	*n*
I	1138	1130	1100	1049	991	869	697	645	551	501	407	344	210
II	1137	1131	1109	1051	979	827	717	621	647	527	343	288	204
III	1137	1133	1111	1060	999	872	889	779	639	540	395	331	212
IV	1138	1135	1117	1067	1011	919	875	875	747	750	544	471	348
V	1135	1131	1113	1069	1033	1029	971	865	705	666	553	497	478
VI	1135	1129	1099	1049	1005	949	827	809	727	702	577	520	418
VII	1135	1125	1081	1024	977	919	942	771	827	717	623	530	392
VIII	1135	1127	1083	1031	1001	999	985	859	837	803	752	608	402
IX	1138	1130	1097	1061	1008	951	869	871	844	771	805	636	434
X	1140	1135	1119	1081	1047	982	849	716	735	687	613	498	398
XI	1141	1137	1119	1082	1051	999	867	735	627	584	567	499	379
XII	1141	1135	1106	1067	985	962	879	751	633	497	482.	312	234

Berechnung der 1. topographischen Reduktion

Punkt 36

Bereich	a		b		c		d		e		f		g		h		i		k		l		m		n	
	ΔH	t'	ΔH	t'	ΔH	t'	ΔH	t'	ΔH	t'	ΔH	t'	ΔH	t'	ΔH	t'	ΔH	t'	ΔH	t'	ΔH	t'	ΔH	t'	ΔH	t'
I	3	0	11	1	41	7	92	14	150	21	272	42	444	68	496	49	590	80	640	42	734	40	797	37	931	40
II	4	0	10	1	32	5	90	13	162	23	314	54	424	65	520	54	494	56	614	38	798	47	853	42	937	40
III	4	0	8	0	30	4	81	11	142	19	269	41	252	23	362	27	502	58	601	36	746	41	810	38	929	40
IV	3	0	6	0	24	3	74	9	130	16	222	28	266	26	266	15	394	36	391	15	597	26	670	26	793	29
V	6	1	10	1	28	4	72	9	108	9	112	7	170	10	276	18	436	44	475	23	588	26	644	24	663	20
VI	6	1	12	1	42	8	92	14	136	18	192	21	314	36	332	23	414	40	439	19	564	24	621	23	723	24
VII	6	1	16	2	60	15	117	21	164	24	222	28	199	14	370	28	314	23	424	18	518	20	611	22	749	25
VIII	6	1	14	1	58	14	110	19	140	18	142	11	156	8	282	16	304	22	338	11	389	12	533	17	739	25
IX	3	0	11	1	44	8	80	11	133	17	190	21	272	27	270	15	297	21	370	13	336	9	505	15	707	23
X	1	0	6	0	22	2	60	6	94	8	159	14	292	31	425	37	406	39	454	21	528	21	643	24	743	25
XI	0	0	4	0	22	2	59	6	90	8	142	11	274	27	406	33	514	60	557	31	574	25	642	24	762	27
XII	0	0	6	0	35	6	74	9	156	22	179	18	262	25	390	32	508	59	644	41	659	32	829	40	907	38
Σ		4		8		78		142		203		296		360		347		538		309		323		332		356

$$\sum \frac{t'}{1000} = t = 3{,}296$$

Funktion F'

y \ F'	Bereich a	Bereich b	Bereich c	Bereich d	Bereich e	Bereich f	Bereich g
	0,05—0,1	0,1—0,2	0,2—0,4	0,4—0,65	0,65—1,0	1,0—1,5	1,5—2,2
±1,2	±0,045 26	±0,144 81	±0,436 33	±0,715 42	±1,177 52	±1,860 76	±2,761 02
±1,1	±0,044 12	±0,140 29	±0,418 71	±0,679 21	±1,106 46	±1,732 59	±2,553 70
±1,0	±0,042 88	±0,135 34	±0,399 54	±0,640 23	±1,031 15	±1,599 23	±2,341 33
±0,9	±0,041 50	±0,129 89	±0,378 54	±0,598 11	±0,951 25	±1,460 53	±2,124 02
±0,8	±0,039 96	±0,123 81	±0,355 99	±0,551 72	±0,866 39	±1,316 44	±1,901 97
±0,7	±0,038 21	±0,116 95	±0,329 49	±0,502 46	±0,776 23	±1,166 98	±1,675 41
±0,6	±0,036 20	±0,109 08	±0,300 35	±0,447 82	±0,680 52	±1,012 23	±1,444 69
±0,5	±0,033 83	±0,099 88	±0,267 12	±0,387 80	±0,583 11	±0,848 47	±1,210 15
±0,4	±0,030 95	±0,088 84	±0,228 68	±0,321 81	±0,471 98	±0,688 21	±0,972 33
±0,3	±0,027 27	±0,075 09	±0,183 68	±0,249 45	±0,359 56	±0,519 94	±0,731 77
±0,2	±0,022 21	±0,057 17	±0,131 23	±0,170 19	±0,242 58	±0,348 49	±0,489 06
±0,1	±0,014 29	±0,032 64	±0,068 63	±0,086 96	±0,122 20	±0,174 83	±0,244 90
± 0	± 0	± 0	± 0	± 0	± 0	± 0	± 0

y \ F'	Bereich h	Bereich i	Bereich k	Bereich l
	2,2—3,0	3,0—5,0	5,0—7,0	7,0—10,0
±1,2	±3,249 00	±8,272 20	±8,344 19	±12,558 29
±1,1	±2,993 33	±7,600 99	±7,656 99	±11,517 98
±1,0	±2,734 08	± 6,925 24	±6,967 70	±10,476 06
±0,9	±2,471 40	±6,245 28	±6,276 50	± 9,432 68
±0,8	±2,205 55	±5,561 46	±5,583 56	± 8,387 97
±0,7	±1,936 73	±4,874 16	±4,889 06	± 7,342 08
±0,6	±1,665 24	±4,183 75	±4,193 19	± 6,295 15
±0,5	±1,391 47	±3,490 66	±3,496 15	± 5,247 33
±0,4	±1,115 60	±2,795 29	±2,798 11	± 4,198 76
±0,3	±0,838 15	±2,098 08	±2,099 28	± 3,149 60
±0,2	±0,559 50	±1,399 50	±1,399 85	± 2,099 98
±0,1	±0,279 97	±0,699 98	±0,700 03	± 1,050 06
±0	+ 0	± 0	± 0	± 0

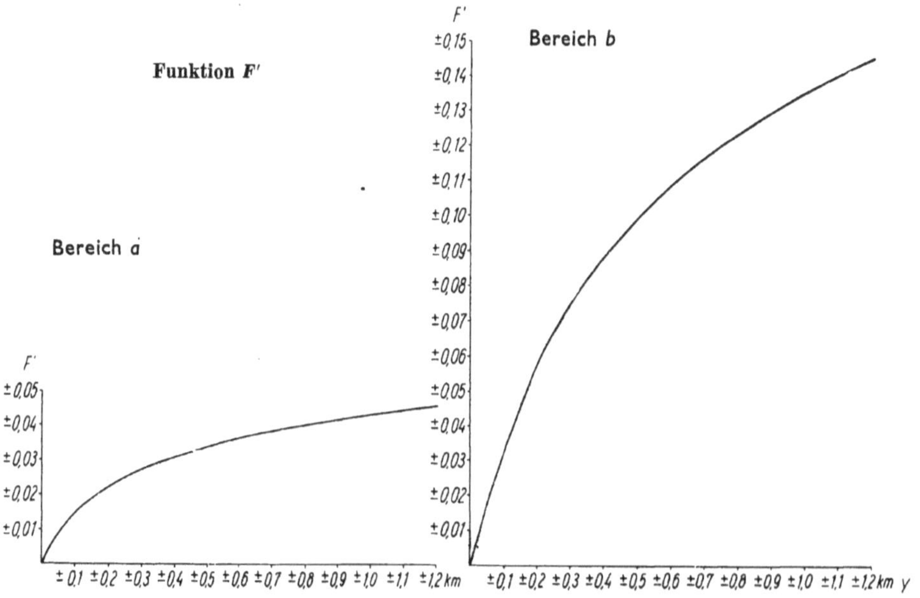

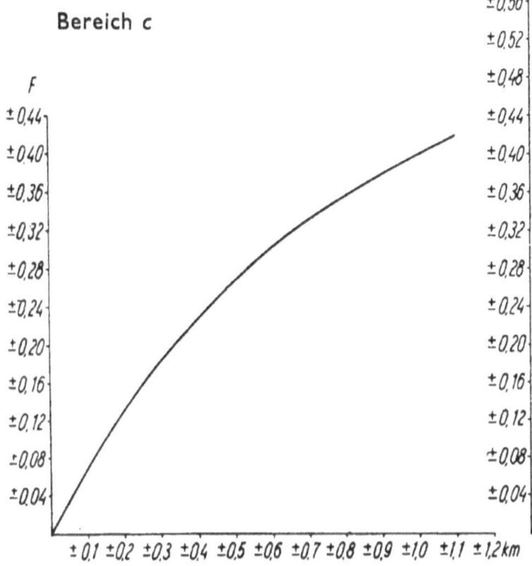
Bereich c
F
±0,44
±0,40
±0,36
±0,32
±0,28
±0,24
±0,20
±0,16
±0,12
±0,08
±0,04
±0,1 ±0,2 ±0,3 ±0,4 ±0,5 ±0,6 ±0,7 ±0,8 ±0,9 ±1,0 ±1,1 ±1,2 km

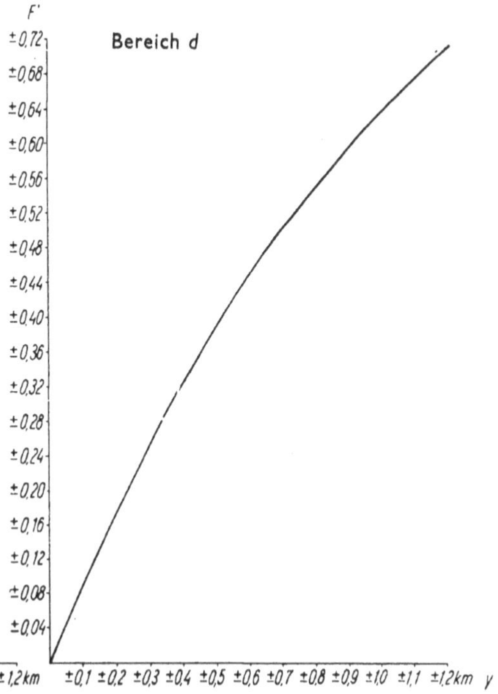
F'
Bereich d
±0,72
±0,68
±0,64
±0,60
±0,56
±0,52
±0,48
±0,44
±0,40
±0,36
±0,32
±0,28
±0,24
±0,20
±0,16
±0,12
±0,08
±0,04
±0,1 ±0,2 ±0,3 ±0,4 ±0,5 ±0,6 ±0,7 ±0,8 ±0,9 ±1,0 ±1,1 ±1,2 km y

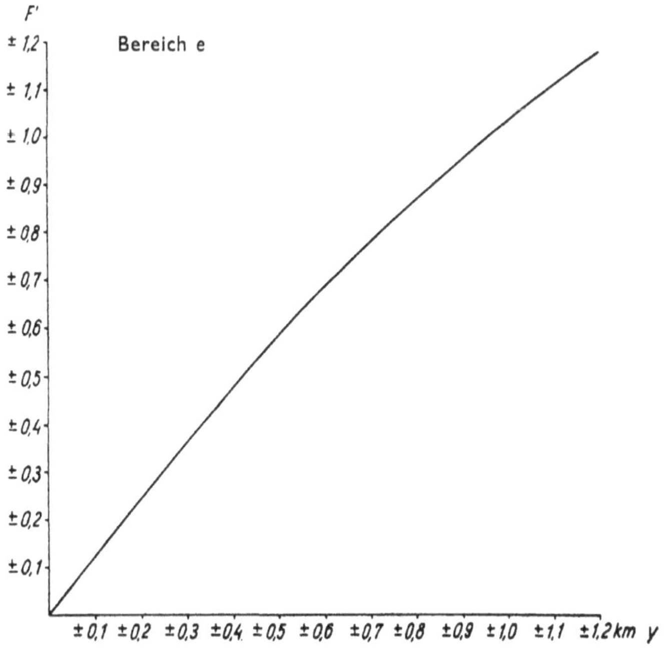
F'
Bereich e
± 1,2
± 1,1
± 1,0
± 0,9
± 0,8
± 0,7
± 0,6
± 0,5
± 0,4
± 0,3
± 0,2
± 0,1
±0,1 ±0,2 ±0,3 ±0,4 ±0,5 ±0,6 ±0,7 ±0,8 ±0,9 ±1,0 ±1,1 ±1,2 km y

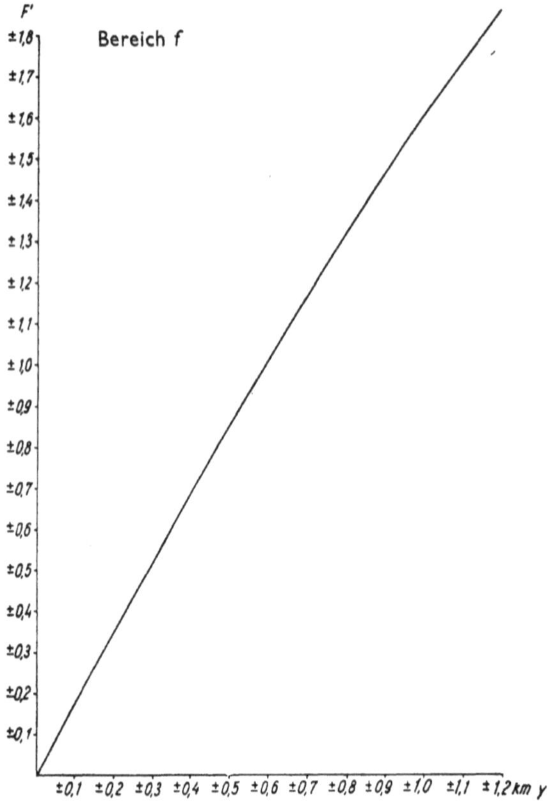
F'
Bereich f
±1,8
±1,7
±1,6
±1,5
±1,4
±1,3
±1,2
±1,1
±1,0
±0,9
±0,8
±0,7
±0,6
±0,5
±0,4
±0,3
±0,2
±0,1
±0,1 ±0,2 ±0,3 ±0,4 ±0,5 ±0,6 ±0,7 ±0,8 ±0,9 ±1,0 ±1,1 ±1,2 km y

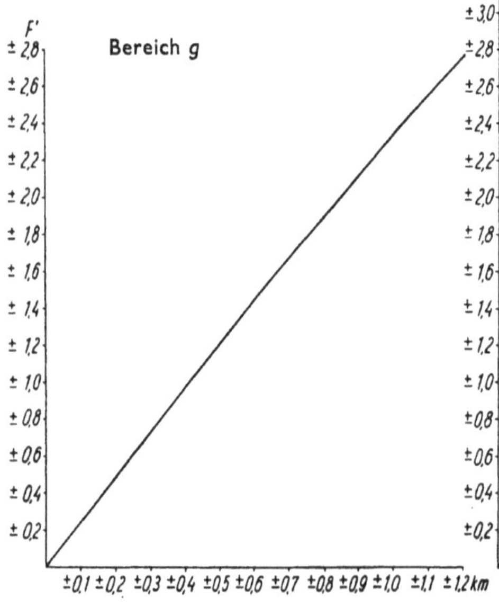
F'
Bereich g
±2,8
±2,6
±2,4
±2,2
±2,0
±1,8
±1,6
±1,4
±1,2
±1,0
±0,8
±0,6
±0,4
±0,2
±0,1 ±0,2 ±0,3 ±0,4 ±0,5 ±0,6 ±0,7 ±0,8 ±0,9 ±1,0 ±1,1 ±1,2 km

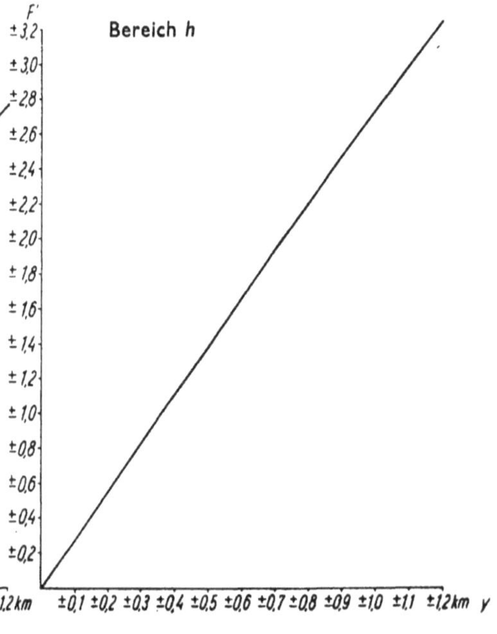
F'
Bereich h
±3,2
±3,0
±2,8
±2,6
±2,4
±2,2
±2,0
±1,8
±1,6
±1,4
±1,2
±1,0
±0,8
±0,6
±0,4
±0,2
±0,1 ±0,2 ±0,3 ±0,4 ±0,5 ±0,6 ±0,7 ±0,8 ±0,9 ±1,0 ±1,1 ±1,2 km y

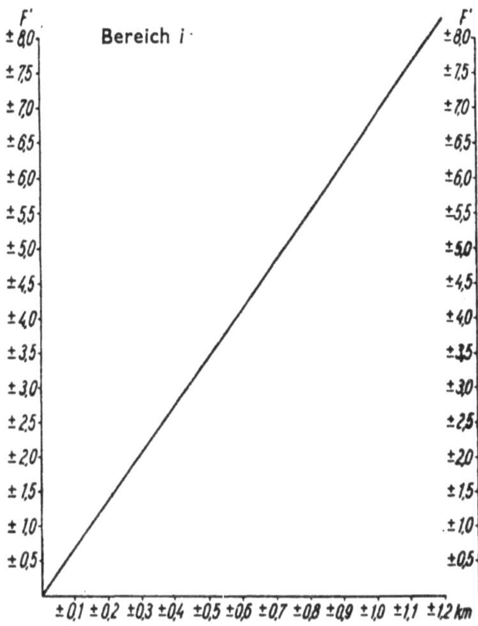
F'
Bereich i
±8,0
±7,5
±7,0
±6,5
±6,0
±5,5
±5,0
±4,5
±4,0
±3,5
±3,0
±2,5
±2,0
±1,5
±1,0
±0,5
±0,1 ±0,2 ±0,3 ±0,4 ±0,5 ±0,6 ±0,7 ±0,8 ±0,9 ±1,0 ±1,1 ±1,2 km

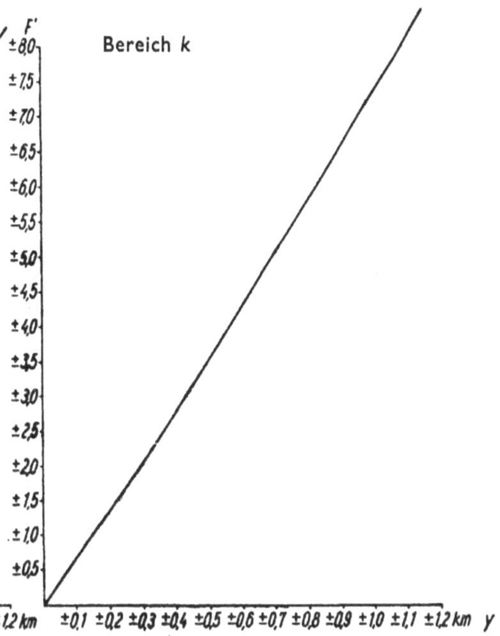
F'
Bereich k
±8,0
±7,5
±7,0
±6,5
±6,0
±5,5
±5,0
±4,5
±4,0
±3,5
±3,0
±2,5
±2,0
±1,5
±1,0
±0,5
±0,1 ±0,2 ±0,3 ±0,4 ±0,5 ±0,6 ±0,7 ±0,8 ±0,9 ±1,0 ±1,1 ±1,2 km y

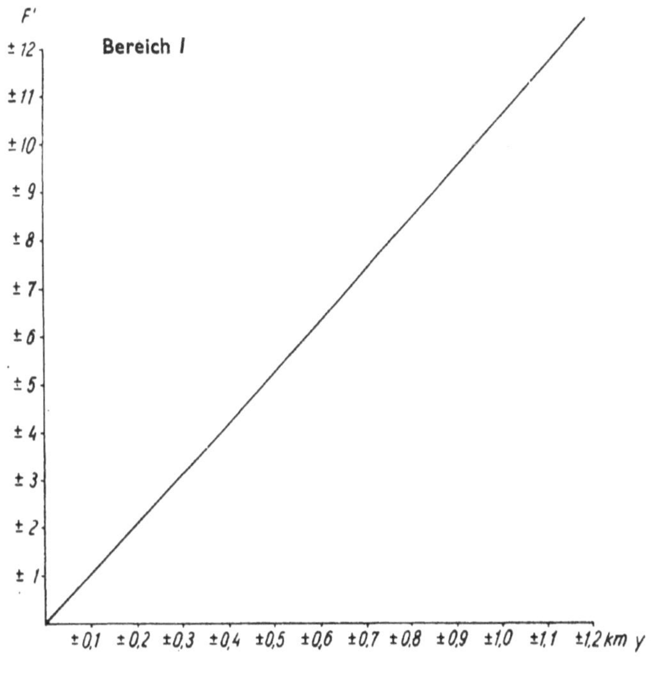
F'
Bereich l
±12
±11
±10
±9
±8
±7
±6
±5
±4
±3
±2
±1
±0,1 ±0,2 ±0,3 ±0,4 ±0,5 ±0,6 ±0,7 ±0,8 ±0,9 ±1,0 ±1,1 ±1,2 km y

Berechnung von ΔT_2

Punkt 36

	Bereich *a*		Bereich *b*		Bereich *c*		Bereich *d*		Bereich *e*		Bereich *f*		Bereich *g*		Bereich *h*	
	$-H_{ik}$	F''	$-H_{ik}$	F''	$-H_{ik}$	F''	$-H_{ik}$	F''	$-H_{ik}$	F''	$-H_{ik}$	F''	$-H_{ik}$	F''	$-H_{ik}$	F''
	—	—	—	—	—	—	—	—	—	—	—	—	—	—	—	—
I	1138	0,0452	1130	0,1456	1100	0,4473	1049	0,7390	991	1,2066	869	1,8878	697	2,7458	645	3,1676
II	1137	0,0454	1131	0,1453	1109	0,4426	1051	0,7381	979	1,2113	827	1,8987	717	2,7434	621	3,1684
III	1137	0,0454	1133	0,1447	1111	0,4416	1060	0,7339	999	1,2034	872	1,8870	889	2,7150	779	3,1593
IV	1138	0,0452	1135	0,1441	1117	0,4385	1067	0,7306	1011	1,1979	919	1,8732	875	2,7178	875	3,1484
V	1135	0,0457	1131	0,1453	1113	0,4406	1069	0,7296	1033	1,1877	1029	1,8335	971	2,6941	865	3,1496
VI	1135	0,0457	1129	0,1459	1099	0,4478	1049	0,7390	1005	1,2007	949	1,8629	827	2,7273	809	3,1565
VII	1135	0,0457	1125	0,1471	1081	0,4563	1024	0,7508	977	1,2121	919	1,8732	942	2,7017	771	3,1600
VIII	1135	0,0457	1127	0,1465	1083	0,4554	1031	0,7475	1001	1,2026	999	1,8458	985	2,6904	859	3,1504
IX	1138	0,0452	1130	0,1456	1097	0,4487	1061	0,7334	1008	1,1993	951	1,8622	869	2,7190	871	3,1489
X	1140	0,0449	1135	0,1441	1119	0,4374	1081	0,7240	1047	1,1812	982	1,8516	849	2,7229	716	3,1643
XI	1141	0,0448	1137	0,1435	1119	0,4374	1082	0,7235	1051	1,1794	999	1,8458	867	2,7194	735	3,1628
XII	1141	0,0448	1135	0,1441	1106	0,4442	1067	0,7306	985	1,2089	962	1,8585	879	2,7170	751	3,1615
		—0,5437		—1,7418		—5,3378		—8,8200		—14,3911		—22,3802		—32,6138		—37,8977

$$\sum_a^h F'' = -123{,}7261$$

Berechnung von ΔT_2

Punkt 49

	Bereich *a*		Bereich *b*		Bereich *c*		Bereich *d*		Bereich *e*		Bereich *f*		Bereich *g*		Bereich *h*	
	$-H_{ik}$	F''	$-H_{ik}$	F''	$-H_{ik}$	F''	$-H_{ik}$	F''	$-H_{ik}$	F''	$-H_{ik}$	F''	$-H_{ik}$	F''	$-H_{ik}$	F''
	—	—	—	—	—	—	—	—	—	—	—	—	—	—	—	—
I	1090	0,0520	1082	0,1590	1055	0,4686	1000	0,7621	913	1,2372	812	1,9027	708	2,7446	644	3,1676
II	1098	0,0512	1091	0,1568	1064	0,4643	1025	0,7503	974	1,2132	871	1,8872	720	2,7430	621	3,1684
III	1108	0,0498	1110	0,1516	1091	0,4516	1063	0,7324	1000	1,2030	880	1,8849	828	2,7271	760	3,1608
IV	1118	0,0483	1126	0,1468	1127	0,4333	1108	0,7109	1049	1,1803	974	1,8544	841	2,7245	880	3,1478
V	1123	0,0475	1134	0,1444	1141	0,4260	1130	0,6997	1091	1,1608	1032	1,8323	1022	2,6793	921	3,1418
VI	1122	0,0476	1132	0,1450	1130	0,4317	1119	0,7053	1033	1,1877	972	1,8550	875	2,7178	863	3,1499
VII	1120	0,0480	1122	0,1480	1103	0,4458	1058	0,7348	1009	1,1989	967	1,8567	970	2,6944	808	3,1567
VIII	1112	0,0492	1112	0,1510	1088	0,4530	1059	0,7343	996	1,2046	977	1,8533	978	2,6922	878	3,1482
IX	1104	0,0504	1099	0,1548	1080	0,4568	1053	0,7372	1009	1,1989	939	1,8663	827	2,7273	878	3,1480
X	1097	0,0513	1092	0,1565	1072	0,4606	1049	0,7390	1017	1,1951	938	1,8667	791	2,7338	691	3,1659
XI	1091	0,0519	1084	0,1585	1068	0,4624	1046	0,7404	1017	1,1951	918	1,8735	795	2,7333	682	3,1662
XII	1088	0,0522	1078	0,1600	1058	0,4672	1023	0,7513	1002	1,2021	946	1,8639	831	2,7265	688	3,1660
		—0,5994		—1,8324		—5,4213		—8,7977		—14,3769		—22,3969		—32,6438		—37,8873

$\left(\sum_a^h\right)_{49} = -\ 123{,}9557$

$\left(\sum_a^h\right)_{36} = -\ 123{,}7261$

36 — 49 = + 0,2296

(*i*, *k*, *l*) 36 — 49 = — 0,0063

36 — 49 = + 0,2233

Berechnung von ΔT_2

Punkt 36

	Bereich i		Bereich k		Bereich l	
	$-H_{ik}$	F''	$-H_{ik}$	F''	$-H_{ik}$	F''
	—	—	—	—	—	—
I	551	7,9581	501	7,9747	407	11,9698
II	647	7,9567	527	7,9748	343	11,9675
III	639	7,9570	540	7,9748	395	11,9695
IV	747	7,9503	750	7,9714	544	11,9719
V	705	7,9541	666	7,9740	553	11,9719
VI	727	7,9521	702	7,9733	577	11,9720
VII	827	7,9416	717	7,9727	623	11,9718
VIII	837	7,9402	803	7,9692	752	11,9692
IX	844	7,9392	771	7,9705	805	11,9675
X	735	7,9514	687	7,9736	613	11,9719
XI	627	7,9575	584	7,9751	567	11,9720
XII	633	7,9573	497	7,9746	482	11,9714
		—95,4155		—95,6787		—143,6464

$\sum_i^l = -\ 334{,}7406$

Berechnung von ΔT_2

Punkt 49

	Bereich i		Bereich k		Bereich l	
	$-H_{ik}$	F''	$-H_{ik}$	F''	$-H_{ik}$	F''
	—	—	—	—	—	—
I	522	7,9577	565	7,9750	392	11,9694
II	652	7,9565	571	7,9750	305	11,9661
III	680	7,9554	568	7,9750	321	11,9667
IV	696	7,9547	798	7,9694	553	11,9719
V	719	7,9528	602	7,9751	495	11,9716
VI	688	7,9550	720	7,9726	545	11,9719
VII	791	7,9463	730	7,9722	630	11,9717
VIII	844	7,9392	780	7,9702	839	11,9659
IX	835	7,9405	767	7,9707	909	11,9625
X	704	7,9542	670	7,9739	587	11,9720
XI	637	7,9571	498	7,9746	571	11,9720
XII	632	7,9573	425	7,9726	397	11,9696
		—95,4267		—95,6763		—143,6313

$\left(\sum_i^l\right)_{49} = -\ 334{,}7343$

$\left(\sum_i^l\right)_{36} = -\ 334{,}7406$

36—49 = — 0,0063

FSC
www.fsc.org
MIX
Papier | Fördert
gute Waldnutzung
FSC® C083411

Kolibri 360 GmbH
Ferdinand-Jühlke-Straße 7
99095 Erfurt, Deutschland
produktsicherheit@kolibri360.de